なぜヴィーガンか？

WHY VEGAN? : EATING ETHICALLY
Peter Singer

——倫理的に食べる

ピーター・シンガー
児玉聡＋林和雄［訳］

晶文社

目次

凡例

- 本書は Peter Singer, *Why Vegan?: Eating Ethically*, New York: Liveright, 2020 の全訳である。
- 原書でのイタリック体による強調は、傍点によって示した。
- 原注と訳注はまとめて脚注とした。訳注である場合はそのことを明記した。
- 本文中の［　］はシンガーによる補足である。
- 本文中の〔　〕は訳者による補足である。ただし、説明が長くなる場合は訳注とした。
- シンガーが言及する文献のうち、原書では書誌情報が示されていないが重要と思われるものについては、訳注を付けて書誌情報を追記した。また、邦訳がある文献については、原注や訳注の中で邦訳の書誌情報を追記した。

はじめに

私が肉食反対論を書き始めてから、もう四七年になる。当時の文章が本書に収録されているという事実が示すのは、その議論が今日でも重要だということであり、まさにそれこそが問題なのである。今日、奴隷制への反対論は歴史的な関心事ではあってもそれ以上のものではない。私の当時の文章も、それと同じカテゴリーに入れられたらどんなによいかと思うが、動物に関する私たちの倫理がその段階に達するには、まだまだ長い道のりがある。とはいえ、ヴィーガン[訳注1]の世界を実現するという目標は、ヴィーガン食品がここ十年で空前の広がりを見せたこと、植物由来の代替肉の開発に何十億ドルもの投資が行われたことによって、空想ではなく可能な未来になったと言えよう。

人々が動物性食品をやめる主な理由には三つある。すなわち、動物への配慮、気候変動

訳注1　肉や魚介類を食べない人のことを「ベジタリアン」と呼ぶが、その中でも「ヴィーガン」とは、卵や乳製品などの肉以外のものも含めて動物性食品を全く食べない人のことを指す。訳者解説（141-142頁）も参照せよ。

の問題、自分の健康への配慮である。私が１９７１年１月にベジタリアンになったのは、第一の理由からであった。私はその少し前に、自分の食べる動物が、屠殺される前にどのような扱いを受けているかに関していくつかの事実を学んだ。私は、そのことについて妻のレナータと話し合った。動物性食品を購入すればそうした動物の扱いを支持することになるが、私たちにはそれを正当化することはできなかった。そこで、私たちは肉食をやめた。当時、私はオックスフォード大学の哲学科の大学院生であり、倫理に強い関心を抱いていたのだ。

本書に収録されている最初期の文章は、人間と動物の関係について、私がどのように自分の立場を形成していったかを示している。厳密に言えば、私は動物の権利の擁護者ではない。なぜなら私の見解は、動物に権利があるという思想に基づくものではないからだ。むしろ、私の主張はこうである。私たちは回避可能な苦しみをもたらす慣行を支持すべきではないが、肉食を行えばまさにそうした慣行を支持することになる、ということだ。とはいえ、私の著作は現代の動物権利運動の嚆矢として評価されており、私自身も、通俗的な意味でなら、自分が動物の権利の擁護者と見なされることにやぶさかではない。

私が気候変動の問題を意識するようになったのは、１９８０年代に入ってからである。さらにもう数年を経て食肉産業がこの問題の一因であることが明確になると、人々が肉の摂取量を減らす重大な契機となった。本書で気候変動の話が最初に登場するのは1998年の文章〔「ベジタリアンの哲学」〕においてだが、本書の最後の方にある2007年と2018年の二つの文章〔「ヴィーガンになるべき理由」「培養肉は地球を救えるか?」〕では、この問題に一層の力点が置かれている。

2011年、ビル・クリントンは以前より健康的ですらりとした姿を見せ、心臓病のリスクを減らすためにほぼ完全なヴィーガンになったことを明らかにした。この一件は、人々が健康への配慮から動物性食品の摂取をやめたり、大幅に減らしたりするようになっていることを示す象徴的な出来事であり、クリントンに影響を受け、さらに多くの人々が食生活を変えるようになった。私は健康や栄養に関する専門的知識は持ち合わせていないので、動物性食品を避けることの健康面での影響については、それが動物性食品を含む食生活に劣らず健康的であると自分が確信するのに必要な程度しか調べていない。栄養学の専門家は通常、ビタミンB12をサプリメントで摂取することをヴィーガンに勧めており、それを摂取している限り、一般にヴィーガンは少なくとも肉食者と同程度に健康な暮らしができる。この点と、動物および気候関連の理由を合わせて考えれば、あなたが食生活を変えるのに十分な理由があると言えよう。

2020年、コロナウイルスのパンデミックによって、肉食を避けるべき第四の理由が生じた。このパンデミックでは、中国武漢市のいわゆる「ウェットマーケット（生鮮市場）」を介して、ヒトへの感染がもたらされたようである。ウェットマーケットでは、さまざまな動物が生きたまま売られており、野生動物が売られている場合もある。それらの動物は、買い手が付くとその場で屠殺される。そのような場所は動物にとって地獄であるが、今や人間の健康に対しても危険の大きいものであることが周知されたわけだ。だが、野生動物を売る市場を容認しているとして中国を非難する西洋人たちは、自分自身が食べているものを省みる必要がある。西洋人の食べる肉や卵を生産している畜産工場[訳注2]では、一つの畜舎に何万匹もの動物が飼育されており、これはウイルスが繁殖したり変異したりするのに絶好の環境である。2009年の豚インフルエンザのパンデミックは、ノースカロライナ州にある養豚場から始まったと考えられているし、さまざまな種類の鳥インフルエンザも、集約的な養鶏場から発生している。少なくとも鳥インフルエンザの一つであるH5N1は、COVID–19よりもはるかに致死性が高い。野生動物にせよ畜産工場にせよ、私たちが肉食から距離をとることによって、「COVID–19は些細な問題だった」と思うほど恐しい新たなパンデミックが発生するリスクを減らすことになるだろう。

★

ここで一つ、告白しよう。驚かれるかもしれないが、正確に言えば、私は本当はヴィーガンではないし、ベジタリアンですらない。それはなぜか。これにはいくつかの理由がある。

第一に、すでに述べたように、私がベジタリアンになったのは、動物に苦しみをもたらす慣行を支持したくなかったからである。よって、私の配慮の対象になるのは、「動物」全体ではなく、感覚をもつ存在（sentient beings）――すなわち、苦しんだり自らの生を楽しんだりできる存在――である。「感覚をもつ存在」というカテゴリーは「動物」というカテゴリーと重なるが、完全に一致するわけではない。牡蠣、ムール貝、蛤、帆立は、動物――より詳しく言えば、二枚貝――であるが、中枢神経系や脳がないため、ほぼ間違いなく、何

訳注2　鶏、豚、牛などの家畜を放し飼いにするのではなく大きな畜舎の中に閉じ込めて育てる集約的な畜産のあり方を「工場畜産（factory farming）」と批判的に呼ぶ場合があるが、「畜産工場（factory farms）」とは、そうした畜舎のことを指す。

も感じることができない。たいていの場合、牡蠣やその他の二枚貝は環境的に持続可能な仕方で養殖されているため、その点でも問題はない。私はときどき二枚貝を食べるので、完全なベジタリアンとは言えない。

第二に、私はときどき放し飼いの鶏の卵を食べるので、完全に「二枚貝以外はヴィーガン」とも言えない。野原を――あるいは郊外の家の庭でも――歩き回ることができる雌鶏は、よい生を送っており、人間に卵を取られることに反対しているようにも見えない。たしかに、卵用種の場合、オスのひよこは孵化して間もなく殺されてしまう。私が期待しているのは、欧州ではすでに実用化されているように、感覚が生じる前の卵の段階で胚がオスかどうかを確定する技術を用いることで、この問題が近いうちに解決されることである。とはいえ、それでもなお、商業的な卵の生産者が、産卵ペースが下がったとたんに雌鶏を殺処分する、という事実は残る。つまり、問題はこうである。雌鶏が短いけれどもよい生を享受することは、生まれない場合よりもよいと言えるだろうか。さらに、オスのひよこが殺されるとしても、そう言えるだろうか。私はこの点については譲歩してそう認めてもよいと考えている。とりわけ、牧草で育てられた牛は雌鶏と同様にそれなりによい生を送るが、雌鶏は牛ほど大量の温室効果ガスを出さないことを考慮すれば、なおさらである。

私は「フレキシブルなヴィーガン」を自称している。私はほとんどヴィーガンであるが、ヴィーガニズムを宗教のように扱っているわけではない。私は行為をその帰結によって判断するが、問うべき帰結は、私たちが感覚をもつ存在に与える利益や危害である。ヴィーガンとしての食生活からのちょっとした逸脱は、大した問題ではない。今なお私の目標は、最初にベジタリアンになったときと同様、根本的に倫理に反する慣行を私の購買活動によって支持しないようにする、ということなのである。

★

自分の考えを最初に公表したときの形のまま提示するために、私は文章に手を入れるという誘惑には屈しなかった。ただし、ところどころ、内容の繰り返しになってしまう段落は取り除いた。本書に収めた最初期の文章では、男性を指す代名詞を女性を含む意味で用いたり、人類全体を指すためにmanという語を用いたりするという愚かな言葉遣いが見られるが、それすら変更せずに残した。ただし、ある一つの表現だけは、今日ではあまりにも侮蔑的で活字にすべきでないと考えられているため、削除した。

本書中の最初期の文章において「種差別」[訳注3]に反対する主要な議論を提示したが、その議論は長年にわたるいかなる反論にも耐えうるものだったと思う。それゆえ、その議論が正しいことを、私はこれまで以上に強く確信している。とはいえ、より応用的な問題のいくつかについては意見を変えたところもある。また、初期の論考における動物の扱い方に関する記述の一部は、法律や規制や慣行によって禁止されたという非常に喜ばしい理由により、もはやどの国でも当てはまるものではなくなった。とりわけ、1973年の小論「動物の解放」の中で私が描写したような、畜産工場における最悪の監禁状態のいくつかは、EUの全ての加盟国、英国、カリフォルニア州、およびそれ以外のいくつかの国々で、今日では違法となっている。同様に、その小論の中で私が論じた動物実験の一部は、動物実験倫理委員会が承認しそうにないことを研究者たちが把握しているために、今日では提案すらされないだろう。[訳注4]

これらの進展はみな、非常に歓迎すべきものである。だが、まだまだ多くの進展が必要だ。この小さな本がきっかけとなり、私たちが動物に与える苦しみと、この地球の気候に与える悪影響がより少ない世界を目指す運動に、さらに多くの人が参加することを願っている。

ピーター・シンガー
2020年4月、メルボルンにて

訳注3　「種差別（speciesism）」とは、人間以外の種の動物に対しては、人間にはすべきでないような扱い方をしても構わない、という考え方を指し、それを「人種差別（racism）」などと類似した差別として批判する表現である。本訳書に収録されている「動物の解放」（44頁）も参照せよ。

訳注4　日本の畜産の規制に関する現状については、巻末の文献案内で挙げた枝廣淳子『アニマルウェルフェアとは何か――倫理的消費と食の安全』（岩波ブックレット、2018年）を参照せよ。また、国内外の畜産および動物実験の規制については、アニマルライツセンターのウェブサイト（arcj.org）に詳しい。

動物の解放——1975年版の序文[訳注1]

本書〔『動物の解放』を指す。以下同〕は、人間による人間以外の動物への専制について論じている。この専制が今日に至るまで引き起こしてきた苦痛や苦しみは甚大なものであり、それと比肩できるものがあるとすれば、数世紀続いた白人による黒人への専制がもたらした苦痛や苦しみだけである。動物への専制に対する闘争は、近年争われたさまざまな道徳的・社会的問題のいずれにも劣らず重要である。

たいていの読者は、たった今読んだ内容を、荒唐無稽の誇張だと感じるだろう。五年前であれば、私自身も、今の私がきわめて真剣に書いているこの文章を馬鹿にしたと思う。五年前の私は、現在の私が知っていることを知らなかったのだ。もし本書をきちんと、とりわけ第二章と第三章に注意を払って読んでもらえたなら、あなたは動物に対する抑圧について私が知っていることのうち、〔本書のような〕適度な長さの本に詰め込める程度までは知ることになる。そうすれば、先の最初の段落が荒唐無稽の誇張なのか、それとも、一般市民にはほとんど知られていない状況についての冷静な評価なのかを判断できるはずである。だから私は、最初の段落に書いたことを今すぐ受け入れてくれとは言わない。私があなたに頼みたいのは、判断を下すのはこの本を読み終えてからにしてほしい、ということだけである。

★

本書の執筆を始めてまもなく、私が動物に関する本を書くつもりらしいと聞いたある婦人が、当時イングランドに住んでいた妻と私をお茶に招いてくれた。彼女によると、彼女自身も動物に大変関心があるのだが、動物について本を書いたことのある友人がいて、私たちに絶対に会いたがるだろうとのことだった。

私たちがその婦人の家に到着すると、その友人もすでに来ており、たしかに動物について話したがっていた。「私は動物を本当に愛しているんです」と彼女が話し始める。「犬を一匹と猫を二匹飼っています。みんな、とっても仲がいいんですよ。スコット夫人をご存じですか？　彼女は病気のペットのために小さな病院を開いていて……」。そこまで言って彼女は口を閉じた。軽食が用意されている間、彼女はいったん話を止めたが、ハムサンドイッチを手にとると、私たちにどんなペットを飼っているのかと尋ねた。

訳注1　本章の翻訳にあたっては次の既訳を参照した。ピーター・シンガー『動物の解放』戸田清訳、技術と人間、1988年、7–15頁。ピーター・シンガー『動物の解放 改訂版』戸田清訳、人文書院、2011年、12–19頁。

私たちは、ペットは一匹も飼っていないと彼女に伝えた。すると少し驚いた様子で、彼女はサンドイッチを一口かじった。サンドイッチを並べ終えた婦人が、席について会話を引き継ぐ。「でも、シンガーさんは動物にご関心があるんですよね？」

そこで私たちは説明を試みた。私たちの関心は苦しみや不幸の防止に向けられていること。私たちが恣意的な差別に反対していること。他者に不必要な苦しみを与えることは、たとえその他者が人類の一員でないとしても間違ったことだと考えていること。動物が人間によって無慈悲かつ残酷に搾取されていると確信しており、その状況を変えたいと考えていること。これらの点を除けば、私たちはとりたてて動物に「関心」があるわけではない、と伝えた。多くの人は犬や猫や馬を溺愛しているが、私たち二人はそうではなかった。動物を「愛している」わけではなかったのだ。私たちが唯一望んでいたのは、動物が人間の目的の手段として扱われるのではなく、動物が現にそうであるように、感覚をもつ独立した存在として扱われることであった。しかし、今しがた出されたサンドイッチのハムとして使われた豚は、まさに人間の目的の手段として扱われていたのだった。

本書はペットに関する書物ではない。動物を愛することが、猫をなでたり庭で小鳥に餌をやったりする程度のことだと考えている人々にとっては、あまり気楽な読み物ではないだろう。本書はむしろ、なんであれ抑圧や搾取を終わらせたい人や、利害に関する平等な配慮という基本的な道徳原則が人類のみに恣意的に適用されないよう注意を払っている人に向けられている。こうした問題に関心をもつ人は「動物好き」にちがいないという想定自体が、人類に適用される道徳の基準は他の動物にも拡張しうるということを全く自覚していない証拠である。不当に扱われている人種的マイノリティの平等問題に関心をもつ人は、その人たちを愛しているにちがいないとか、彼らを抱きしめてかわいがりたいと思っているにちがいないなどと言う人はいない。そんな人がいるとすれば、論敵を中傷したがる人種差別主義者ぐらいだろう。では、なぜ動物が置かれた状況を改善するために働く人々に対しては、そのように想定してしまうのだろうか。

動物に対する残酷な扱いに抗議する人々が、感傷的で感情的な「動物好き」として描かれることによって、人間による人間以外の動物に対する扱いをめぐる問題全体が、真剣な政治的・道徳的議論から締め出されてきた。その理由は簡単だ。もしこの問題を真剣に考慮するならば、例えば、肉を生産する現代の「畜産工場」における動物の状況を入念に調べたら、ハムサンドイッチやローストビーフ、フライドチキン、その他、普段食べたり飲んだりしているあらゆる品々に関して、居心地の悪さを感じてしまうだろう。私たちは、それらが「死んだ動物」だとは思いたくないのだ。

本書では、「かわいらしい」動物に対する共感を求めて感傷的なアピールがなされることはない。私は食肉用に馬や犬が屠殺されることに怒りを覚えるが、同じ目的で豚が屠殺されることにも同じぐらいの怒りを覚える。毒ガス研究のためにビーグル犬を用いてきた米国国防総省が、大きな抗議の声を浴びて今後はラットを使うことにすると提案したとしても、私が納得することはない。

本書は、人間以外の動物を私たちはどのように扱うべきかという問いを、注意深く、一貫性をもって考え抜こうとする試みである。その過程で、今日の私たちの態度や振舞いの背後に潜む偏見が暴露されるだろう。そうした態度が実践において意味しているもの――つまり、動物がどれほど人間の専制に苦しめられているか――を描写している章には、何らかの感情を掻き立てる文章もある。私はその感情が怒りないし激怒の感情であり、さらにそれが、本書で描写されるような実践を何とかしないといけないという読者の決心に結びつくことを願っている。しかし、そうした感情に理性的な根拠が見出せない限り、私が読者の感情に訴えることは一切ない。とはいえ、不快な事柄を描写する必要がある場合に、その本当の不快さを隠すような中立的描写をするのは、むしろ不誠実であるはずだ。ナチスの強制収容所の「医師たち」が「人間以下」と見なされた人々に対して行った実験について、〔読者の〕感情を掻き立てないように客観的に書くことはできない。それと同じことが、今日、米国や英国や他の国々の実験室で、人間以外の動物に対して行われている実験の一部を描写する場合にも当てはまる。しかし、いずれの場合であれ、そうした実験への反対を究極的に正当化するのは、感情ではない。むしろ、私たちみなが受け入れている基本的な道徳原則に訴えることで正当化されるのであり、そしていずれの実験の犠牲者に対してもそのような原則を適用することは、感情ではなく理性によって要求されることなのだ。

本書のタイトルには、ある真剣な意図が隠されている。解放運動とは、人種や性別といった恣意的な特徴に基づく偏見や差別の終結を求める運動のことである。典型的な例としては、黒人解放運動が挙げられる。この運動は人々に直に訴えるものであったため、また限定的であったとはいえ初期の目的を達成したことで、他の抑圧されている集団にとって一つのモデルとなった。ほどなくして私たちは、ゲイ解放運動、およびアメリカン・インディアンやスペイン語話者アメリカ人のための解放運動もよく目にするようになった。あるマジョリティ——つまり女性——が運動を開始したときには、私たちは旅路の果てに行き着いたと考える者もいた。その人たちに言わせると、性別に基づく差別は、隠すことも偽ることもなく普遍的に容認され実践されている最後の差別形態であり、人種的マイノリティを蔑視しないことを長らく誇っていたリベラルな陣営においてさえ見られるものであった。

私たちは「最後に残った差別形態」について語ることに常に慎重でなければならない。さまざまな解放運動から私たちが何かを学んだとすれば、それは次のことであるはずだ。すなわち、特定の集団に対して私たちがとる態度のうちに潜む偏見は、説得力のある仕方で誰かに指摘されるまで、非常に気づかれにくいということである。

解放運動は、私たちに道徳的地平の拡大を要求する。以前は自然で不可避なものと見なされていた実践が、正当化しえない偏見の産物として理解されるようになる。自分の態度や実践には、正当な異議を投げかけられる余地など一切ないと、誰が自信をもって言うことができるだろうか。抑圧者の一人になりたくなければ、他の集団に対する自らの態度を全て見直す心づもりがなければならない。それがどれほど根本的な態度であっても、である。自らの態度を検討する際には、その態度やそこから派生する実践によって苦しめられる者たちの視点から行う必要がある。こうしていつもとは違う心の切り替えができたとき、私たちは自らの態度や実践のパターンに気づく。すなわち、他の集団を犠牲にすることで常に同一の集団――通常は私たち自身が属する集団――が利益を得るようにする、というパターンである。こうして私たちは、新たな解放運動の必要性を理解するに至るのだ。

本書の狙いは、ある非常に大きな集団への自らの態度や実践に関して、あなたに心の切り替えをしてもらうことにある。その集団とはすなわち、人類以外の種の成員たちである。これらの存在に対する私たちの現在の態度は、長い歴史をもつ偏見および恣意的な差別に基づいている。私が本書で論じるのは、搾取する側の特権を維持したいという利己的な欲求を除けば、平等な配慮という基本原則を他の種の成員に拡張するのを拒むいかなる理由も存在しえない、ということである。私があなたに求めるのは、他の種の成員に対する自分たちの態度は、人種や性別に関する偏見と同じぐらい非難されるべき偏見の一形態だと認識してもらうことなのだ。

他の種類の解放運動と比べた場合、動物の解放には不利な条件がたくさんある。第一に、搾取されている集団の成員が、自分たちの受けている扱いに対して自分たちでは組織的な抗議をなしえない、という明白な事実である（もちろん、個々の動物たちは、力の限り抗議することができるし、また実際にそうしているのだが）。私たちは自分のために語れない者たちに代わって声を上げなければならない。これがいかに深刻な問題かを理解するには、次のように自問してみればよい。すなわち、仮に黒人たちが自ら立ち上がって平等な権利を要求することができなければ、平等な権利を得られるまでどれほど長い間待つ必要があっただろうか、と。抑圧に対して立ち上がり、組織的に反抗する能力が低い集団ほど、容易に抑圧を受けてしまうのだ。

動物解放運動の将来にとってさらに重要な事実は、抑圧する側の集団に属するほぼ全員が抑圧に直接加担しており、また自分たちをその抑圧の受益者だと考えていることである。実際のところ、動物の抑圧について考える際に、例えばかつて合衆国北部の白人が南部の奴隷制の是非を論じた際に保っていたような公平無私な態度をとることのできる人はほとんどいない。屠殺された、人間以外の動物の一部を毎日食べている人は、自分が間違ったことをしているとは信じがたいだろう。また、肉以外に何を食べたらよいのか想像しがたいとも思うだろう。この問題に関しては、肉を食べる者はみな利害関係者である。それらの人々は、人間以外の動物の利害が現在は無視されていることで利益を得ている――あるいは少なくとも、利益を得ていると思っている。この事実によって、説得はより困難になる。合衆国北部の奴隷制廃止論者が用いた議論は、今では私たちのほぼ全員が受け入れているが、その議論によって説得された南部の奴隷所有者は何人いただろうか。いくらかはいただろうが、多くはなかった。だから本書の議論を検討する際には、肉食に対する自らの利害関心はぜひ脇に置いてもらいたい。だが、私からお願いすることはできるものの、努力してもこれは容易にはなしえないことを私は経験上知っている。なぜなら、肉を食べたいという一時の、一過性の欲求の背後には、動物に対する私たちの態度を条件づけてきた長年の肉食の習慣が存在しているからである。

習慣。それこそが動物解放運動が直面する最後の障壁である。食習慣だけでなく、思考や言語の習慣もまた、問題にされ変更されねばならない。思考の習慣によって私たちは、動物に対する残虐行為の描写は感情的なもの、「動物好き限定」のものだとして払いのけてしまう。あるいはそこまで極端ではないとしても、いずれにせよ動物の問題は人間の問題と比べれば非常に些細であり、分別のある人が時間や注意を費やすものではない、と考えてしまう。これもまた偏見である。問題の範囲を検討する時間を取らずに、どうしてそれが些細であるとわかるのだろうか。人間が他の動物を苦しめている領域は数多くあるが、より徹底した検討を行うために、本書ではそのうちの二つ〔動物実験と工場畜産〕だけを取り上げる。とはいえ、本書を終わりまで読んだ人であれば、時間や労力を費やすに値するのは人間に関する問題だけだなどとは、二度と考えなくなるだろう。

動物の利害の軽視をもたらす私たちの思考の習慣は問題化できるし、実際に本書で問題にされている。このような問題化は言語において行われる必要があり、本書の場合、たまたまそれは英語である。英語も、他の言語と同様、話者の偏見を反映している。したがって、こうした偏見に挑みたいと思う書き手は、よく知られているタイプの難問に悩まされることになる。すなわち、自分が俎上に載せたいと考えている当の偏見を強化するような言語を用いるか、さもなければ、読者への意思伝達に失敗するか、である。本書はすでに、前者の道を歩むことを強いられている。私たちは通常、「動物（animal）」という言葉を用いて「人間以外の動物」を意味する。この語法は人間を他の動物から切り離すものであり、人間は動物ではないという含意がある。だが、この含意が間違いであることは、生物学の初歩的な教育を受けたことのある人なら誰でも知っているはずである。

一般的には、「動物」という語によって牡蠣とチンパンジーほど大きく異なった生物がひとくくりにされている一方で、チンパンジーと人間の間には明確な境界線が引かれている。だが、私たち人間とこれらの〔チンパンジーを含む〕類人猿は、牡蠣と類人猿に比べればはるかに近縁なのだ。人間以外の動物を指すための短い用語が他にないので、本書ではタイトルやそれ以外のページで「動物」という語を、あたかもそれが人間という動物を含まないかのように用いなければならなかった。これは革命に要求される純粋さの基準からすれば悲しむべき逸脱ではあるが、効果的な意思伝達のためには不可欠だと思われる。しかしときには、この語法が単に便宜上のものでしかないことを読者に思い出させるべく、かつて「獣類」と呼ばれた生物に言及するための、より長くより正確な表現〔「人間以外の動物」〕も使うことになるだろう。また、他の場合にも、動物の品位を貶めたり、私たちが食べている物の本当の姿を隠したりする傾向のある言葉は使わないように心がけた。

動物解放論の基本原則はとても簡単なものである。私は、いかなる種類の専門知識も必要としない明快で理解しやすい本を書くよう心がけた。とはいえ、私の主張の基礎となる諸原則についての議論から出発する必要がある。難解なところはないはずだが、この種の議論に不慣れな読者は第一章をいささか抽象的だと感じるかもしれない。どうかうんざりしないでもらいたい。次章以降では、私たち人類がいかに他の種を抑圧的に支配しているかについて、ほとんど知られていない事実を詳細に説明する。この抑圧には抽象的なところは全くないし、それを描写する章も同様である。

以下の諸章でなされる提案が受け入れられるならば、何百万もの動物が相当な苦痛を免れることになるだろう。さらに、何百万もの人間もまた利益を得るだろう。本書を執筆している間にも、世界各地で飢えて死にゆく人々がおり、さらに多くの人々が飢餓の危機に瀕している。米国政府は、穀物の不作と備蓄量の減少により、限られた――また不十分な――援助しかできないと言う。だが、本書第四章で明らかにされるように、豊かな国々が畜産動物の育成に重点を置きすぎているために、畜産によって生産される量の何倍もの食糧が浪費されている。[訳注2] 畜産動物を育てて殺すことをやめれば、人間が使える食糧はこれまでよりもはるかに多くなり、それを適切に分配できれば、地球から飢餓と栄養失調はなくなるだろう。動物の解放は人間の解放でもあるのだ。

訳注2 『動物の解放』第四章では、例えばアメリカ人が穀物で飼育した牛の肉を食べるのを完全にやめた場合には、そうすることで浮いた分の穀物により、初版刊行当時のインドの全人口である六億人を養うことができる、と説明されている。

動物の解放[訳注1]

訳注2

『動物と人間と道徳』は動物解放運動のマニフェストである。本書〔『動物と人間と道徳』を指す。以下同〕の寄稿者全員がそのように理解しているわけではないかもしれない。寄稿者にはさまざまな人がいる。一番多いのは哲学者で、教授から大学院生まで幅が広い。編者の三名を含む五名の寄稿者が哲学者で、さらに、レナード・ネルソンという英語の名前をもつ、ドイツの哲学者の著作の抜粋も収録されている。彼は不当にも無視されてきた人物であり、1927年に亡くなっている。ブリジッド・ブロフィ、モーリーン・ダフィーという二名の小説家兼批評家の小論と、ミュリエル・ダウディング夫人の小論もある。ダウディング夫人は、バトル・オブ・ブリテン〔第二次世界大戦中に英国が行った対独航空戦〕で有名なダウディングの未亡人で、毛皮や化粧品のための動物利用に反対する運動「残酷さを伴わない美しさ（Beauty without Cruelty）」の創始者である。他には、心理学者、植物学者、社会学者がそれぞれ一名ずつ寄稿しており、また、動物福祉のプロ活動家と呼ぶのがおそらく最もふさわしい、ルース・ハリソンも寄稿している。

これらの寄稿者全員が、自分たちが動物解放運動を立ち上げているということに個人的に同意しようとしまいと、本書が行っていることは全体として見ればそれ以外の何物でもない。本書は次のことを要求している。人間以外の動物に対する私たちの態度を完全に変えること。他の種を搾取するのは自然で不可避なことだと思うのをやめ、むしろそれを現在も続く不道徳な残虐行為と見なすこと。〔寄稿者の一人である〕サセックス大学の哲学科教授のパトリック・コーベットによる結語は本書の精神を要約している。

> 〔……〕私たちがここで要求しているのは、自由、平等、友愛という偉大な原理を動物の生にも適用することだ。人間の奴隷制と同様、動物の奴隷制も過去という墓地へと

訳注1　本章は次の著作『動物と人間と道徳』の書評である。Stanley Godlovitch, Roslind Godlovitch and John Harris, eds., *Animals, Men and Morals: An Enquiry into the Maltreatment of Non-Humans*, London: Gollancz, 1971. なお、この書評の発表から2年後にシンガーは『動物の解放』という同じ題名の著作を刊行しており、本訳書の前章「動物の解放——1975年版の序文」はこの著作の序文である。また、本章の翻訳にあたっては次の既訳を参照した。ピーター・シンガー「動物の生存権」大島保彦・佐藤和夫訳、加藤尚武・飯田亘之編『バイオエシックスの基礎——欧米の「生命倫理」論』、東海大学出版会、1988年、205–220頁。

訳注2　原書ではこの節番号は示されていないが、続く節が第II節、第III節とされている点を考慮して訳者が補った。構成を簡単に紹介すると、第I節が動物への道徳的配慮を正当化する議論、第II節が動物実験に対する批判、第III節が肉食に対する批判となっている。

葬り去ってしまおう。[訳注3]

読者はおそらく懐疑的だろう。「動物の解放」は、真剣な目標というよりは解放運動のパロディのように聞こえる。読者はこう考えるかもしれない。私たちが黒人や女性による平等の要求を支持するのは、黒人や女性が知性、能力、リーダーシップ、合理性などの点で白人や男性と実際に等しいからだ。人間と人間以外の動物は、明らかにこれらの点で等しくない。正義が要求するのは、等しきものを等しく扱うことのみであるから、人間と人間以外の動物を同等に扱わないことが不正義であるはずはない、と。

これは魅力のある応答だが、危険な議論である。この論法でいくと、非人種差別主義者や非性差別主義者は「黒人や女性は実際に、知性、能力その他の点において白人や男性と全く同等であり、劣っても優れてもいない」という独断的な信念をもつということになる。おそらくこの信念は正しいであろう。たしかに、知性や能力などが人種や性別によって違うのは遺伝的な原因によるということを示そうとする試みは、これまで成功したことがなかった。しかし私たちは、人種や性別の間にそうした遺伝的な違いはないという前提に基づいて平等を要求しようなどと、本気で思っているのだろうか。遺伝的相違の証拠を見つけたと主張する人々への適切な対応は、どれだけ証拠があろうとも「違いは存在しない」という信念にしがみつくことではなく、むしろ、平等の要求が知能指数の高低には左右されない点を明確にすることであるはずだ。道徳的な平等は、事実として〔知性や能力などにおいて〕同等であることとは異なる。そうでなければ、人類の平等について語ることは無意味になってしまうだろう。なぜなら、個々の人間は、知性においても、名前のあるほとんど全ての能力においても、明らかに異なっているからだ。ある人間が別の人間よりも優れた知性をもっているからといって、その人を搾取してよいことにはならないとすれば、なぜ人間がより優れた知性をもっているからといって、人間以外の動物を搾取してよいことになるのだろうか。

ジェレミー・ベンサムは、次の有名な定式の中で、平等の本質的基礎を言い表している。「各人を一人として数え、誰も一人以上としては数えない」。言い換えれば、利害を有する全ての存在者の利害を考慮に入れる必要があり、また、それを他のあらゆる存在者がもつ同様の利害と等しく扱う必要がある。ベンサム以前・以後の道徳哲学者たちも、これと同

訳注3　Patrick Corbett, 'Postscript,' in *Animals, Men and Morals*, p. 238.

じことを異なる言い方で主張してきた。他者に対する私たちの配慮は、その他者が特定の特徴をもつかどうかに左右されてはならない。ただし、そのような配慮によって私たちに求められることは、当然ながら、そうした特徴に応じて変わりうる。

ついでながらベンサムは、人種間の平等を要求する論理が人間の平等のみにとどまらないことを、十分に自覚していた。彼は次のように書いている。

暴政の手によらなければ奪われるはずのなかった諸権利を、人間以外の動物が獲得する日がやがて来るかもしれない。フランス国民がすでに気づいたように、ある人間の肌が黒いからといって、その人が気まぐれな虐待者の下に置かれているのを私たちが正すことなく放置してよいことにはならない。同様に、脚の数や肌の毛深さや尻尾の有無は、感覚をもつ生物が〔黒人と〕同じ運命を辿ることを放置しておく十分な理由にはならないと、いつの日か認識されるようになるかもしれない。〔人間と人間以外の動物との間に〕越えられない一線を引くものは、他にどんなものがあるだろうか。理性の能力だろうか、あるいはひょっとすると会話する能力だろうか。しかし、成長した馬や犬は、生後一日、または生後一週間、さらには生後一ヶ月の乳児に比べ、段違いに理性的で、会話のできる動物である。だが、仮に馬や犬がそうでなかったとしても、それが何だというのだろうか。問題は、理性を働かすことができるかでも、話すことができるかでもない。苦しみを被ることができるかどうかである。[*4]

明らかにベンサムは正しい。ある生物が苦しむのであれば、その苦しみを考慮に入れたり、さらには（おおよその比較が可能な場合には）他の生物の同様の苦しみと等しいものとして数え入れたりすることを拒むための、道徳的な正当化根拠は存在しえないだろう。

　そこで、問題はただ一つ、人間以外の動物も苦しむのかということである。猫や犬のような動物は苦しみうるし実際に苦しむということに、ほとんどの人が躊躇なく同意するだろう。また、そうした動物に対してみだりに残酷な扱いをすることを禁ずる法律も、このことを前提としているように見える。私自身もこの点については完全に同意しており、ごく一部の人々が抱いていると思われる疑念を真面目に受けとる気にはなれない。『動物と人間と道徳』の編者や寄稿者も同様の意見をもっているようだ。というのは、本書でもこの

＊4　*The Principles of Morals and Legislation*, Ch. XVII, Sec. I, footnote to paragraph 4.（次の翻訳を参照した。ジェレミー・ベンサム『道徳および立法の諸原理序説 下』中山元訳、筑摩書房、２０２２年、３０１–３０２頁。）

問題が何度か取り上げられているものの、疑問はそのつど直ちに退けられているからである。とはいえ、この問題は非常に根本的な論点なので、人間以外の動物も苦しむという信念の根拠を問うことは重要である。

その手始めとして最適なのは、ある人間が他の人間も苦痛を感じると想定する際に、どのような根拠があるのかと問うてみることだ。苦痛は意識の状態、つまり「心的出来事」であるから、決して直接観察することはできない。身もだえしたり叫んだりといった行動学的徴候であれ、生理学的ないし神経学的記録であれ、いかなる観察も苦痛そのものを観察するものではない。苦痛は本人が感じる何かであり、他者が苦痛を感じていることは、さまざまな外的徴候から推測するしかない。とはいえ、他の人間が苦痛を感じているかどうかを疑うのは哲学者ぐらいである。この事実が示すのは、人間の場合は以上の推測が正当化できると私たちが考えているということだ。

他の動物の場合は同じ推測が正当化できないと考えるべき理由はあるだろうか。他の人間が苦痛を感じていることを推測させる外的徴候のほとんど全てが、他の種、とりわけ哺乳類や鳥類のような「高等」動物にも見られる。身もだえする、悲鳴を上げたりそれ以外の仕方で声を発したりする、苦痛の原因から離れようとするなど、多くの行動学的徴候が存在する。また、私たちはこれらの動物が、人間とよく似た神経系をもち、それが同様の機能を有することを観察できるなど、重要な点において生物学的に類似していることも知っている。

よって、これらの動物が苦痛を感じうるという推測は、他の人間が苦痛を感じるという推測とほぼ同じぐらいの根拠があると言える。「ほぼ」と言ったのは、人間には見られるが、特別な環境で育てられた一、二頭のチンパンジーを除けば人間以外の動物には見られない行動学的徴候が一つあるからだ。言うまでもなく、これは発達した言語のことである。ベンサムの引用が示しているように、これは人間と他の動物を区別する重要な要素と長らく見なされてきた。他の動物も互いにコミュニケーションをとるだろうが、人間同士のコミュニケーションとは異なっている。今日では多くの人々がチョムスキーに倣って、構文規則に従った形式でコミュニケーションをとるのは人間だけである、という言い方でこの区別を行っている。(このように議論するために、言語学者は構文構造をもつ手話を習得したチンパンジーに「名誉人間」の称号を与えている。)しかしながら、ベンサムが指摘したように、この区別は、動物が苦しむかどうかという問題との関連が示されない限りは、動物がどのように扱われるべきかという問題にとって重要なものではないのである。

〔言語の有無と苦痛の有無という〕両者の関連を示そうとする試みには二通りのやり方がありうる。第一に、ある漠然とした哲学的な思想があり、これはおそらくウィトゲンシュタインと関連する学説に由来するものだが、それによれば、言語をもたない生物に意識状態を帰属させることは意味をなさない。私はこのような議論が出版物の中ではっきりとなされるのを見たことはないが、会話の中で聞いたことがある。この立場は非常に疑わしいものであると思われ、また、仮にこの立場が支持されるとすれば、それは言語の意義に関するより包括的な見解の帰結の一つと見なされる場合だけではないかと思われる。たしかに、公的で規則に従った言語の使用が、概念的思考の前提条件なのかもしれない。さらに、私自身は疑っているものの、言語を使えない生物に関して、そのような生物が何らかの意図をもっと語ることは意味をなさないのかもしれない。しかし、苦痛のような状態は、間違いなく、概念的思考や意図よりも原始的であり、言語とは全く関係しないように思われる。

実際、ジェーン・グドールがチンパンジーに関する研究の中で指摘しているように、私たち人間も、感情や情動を表す際には、励まそうと背中をたたく、情熱的に抱擁する、手を握るなど、しばしば類人猿にも見出される非言語的コミュニケーションに頼る傾向がある。[*5] マイケル・ピーターズは『動物と人間と道徳』への寄稿の中で同様の指摘をしており、彼によれば、苦痛や恐怖や性的興奮などを伝えるために私たちが用いる基本的な合図は人間という種に特有のものではない。[訳注6] よって、言語をもたない生物は苦しむことがないと考える理由は全くないように思われる。

言語と苦痛の存在とを結びつけるための、よりわかりやすい第二のやり方は、他の生物が苦痛を感じていることを示す最善の証拠が得られるのは、自分が苦痛を感じているとその生物が伝えてくるときである、と主張することだ。これは〔第一の議論とは〕別個の議論である。というのは、非言語使用者が苦しむことはありえないと主張しているのではなく、その生物が苦しむことを私たちは知りえないと主張しているだけだからである。しかしこの論法もやはり、先ほど挙げたものと同様の理由から失敗しているように私には思われる。「私は苦痛を感じている」という発言は、話者が苦痛を感じていることを示す最善の証拠ではなく（その人は嘘をついているかもしれない）、もちろん唯一の証拠でもない。行動学的

＊5　Jane van Lawick-Goodall, *In the Shadow of Man* (Houghton Mifflin, 1971), p. 225.〔翻訳――ジェーン・グドール『森の隣人――チンパンジーと私』河合雅雄訳、朝日新聞社、1996年、265–266頁。〕

訳注6　Michael Peters, 'Nature and Culture,' in *Animals, Men and Morals*, pp. 219-220.

徴候と、動物と私たちの生物学的な類似性に関する知識とが合わされれば、動物が本当に苦しんでいることの十分な証拠になる。考えてみれば、私たちは言葉による証拠がそれ以外の証拠と矛盾する場合には、それを認めようとはしないだろう。ある人が重度の火傷を負っており、身もだえする、うめく、火傷した肌に何も触れないように注意しているなど、あたかも苦痛を感じているかのように振る舞っていたにもかかわらず、後日、自分は全く苦痛を感じていなかったと言ったとしよう。その場合、私たちはおそらく、その人は苦痛を感じていなかったのだとは結論せず、むしろその人は嘘をついているか、記憶喪失に陥っているかのいずれかだと結論するだろう。

仮に、言語をもたない生物は苦痛を感じないという主張を支持する、より強力な根拠があったとしよう。だが、その主張から帰結する事柄を考えれば、私たちはそのような根拠をきわめて批判的に検討したくなるだろう。人間の幼児、および一部の成人は、言語を使うことができない。一歳の幼児は苦しむことがない、と私たちは主張すべきなのだろうか。そうすべきでないとすれば、どうして言語が決定的だと言えるのだろうか。もちろん、大多数の親は非常に幼い子どもの反応であっても、人間以外の動物の反応以上に適切に理解できる。また、幼児の反応を、その後の成長過程に照らして理解できることもある。

しかし、単にこれは、私たちが自分自身の種〔人類〕とそれ以外の種についてもちうる相対的な知識量に関する事実にすぎない。そして、こうした知識の大半は、単に接触を密にすれば得られるのである。人間以外の動物の行動を研究する人々はすぐに、少なくとも私たちが幼児の反応を理解するのと同程度に、動物の反応を理解するようになる。(これは、ジェーン・グドールや他の研究者たちによる有名な類人猿研究のみに限った話ではない。例えば、ティンバーゲンがセグロカモメの観察によってどれほどの理解を成し遂げたかを考えてみよ。[*7]) 私たちは、成人した人間の行動に照らすことで幼児の行動の意味を理解できるのと同様に、人間の行動に照らすことで他の種の行動を理解することができる(またときには、人間以外の種の行動に照らすことで人間の行動をよりよく理解できることもある)。

よって、人間以外の哺乳類や鳥類が苦しむという信念の根拠は、他の人間が苦しむという信念の根拠と強い類似性をもっている。残された課題は、進化の段階をどこまで下ればこの類似性が失われるのかを考えることだ。当然ながら、人間から離れれば離れるほど、類似性は失われていく。正確を期するためには、人間以外の生物についてわかっていること

＊7　N. Tinbergen, *The Herring Gull's World* (Basic Books, 1961).〔翻訳――N・ティンバーゲン『世界動物記シリーズ11　セグロカモメの世界』安部直哉・斎藤隆史訳、思索社、1975年。〕

の全てを詳しく検討する必要があるだろう。魚類や爬虫類やそれ以外の脊椎動物に関しては、類似性は依然として強いと思われるが、牡蠣のような軟体動物では類似性ははるかに弱くなる。昆虫の場合はより難しく、私たちの現状の知識では、昆虫が苦しみうるかについては知りえないと言わざるをえないだろう。

苦しみが生じた場合にそれを無視することは道徳的に正当化できず、しかも、苦しみは実際に人間以外の種でも生じるのだとすると、他の種に対する私たち人間の態度について、どう考えるべきだろうか。『動物と人間と道徳』の寄稿者の一人であるリチャード・ライダーは、「種差別（speciesism）」という言葉を用いて、他の種に属するものに対しては、自分の種に属するものにはすべきでないような扱い方をしても構わない、という私たちの信念を表現している。[訳注8] この言葉は耳心地のよいものではないが、人種差別（racism）との類似性を上手く言い表している。あなたが人種差別に反対しているのなら、人間以外の動物に対する人間の振る舞い方を擁護したくなったときには、この類似性を思い起こすとよいだろう。「他の種のことを心配する前に、私たち自身の種の状況を改善することを気にかけるべきではないか」とあなたは思うかもしれないが、「種（species）」を「人種（race）」に置き換えてみれば、そんな質問はしない方がよいとわかるだろう。「ベジタリアンの食生活は栄養学的に大丈夫なのか」という心配は、奴隷労働がなければ自分も米国南部の経済全体もめちゃくちゃになってしまう、と奴隷所有者が主張するのに似ている。奴隷制には、動物が苦しむことに関する疑念に相当するものもあった。というのは、奴隷制の擁護者の中には、黒人が本当に白人と同じ仕方で苦しむのかは疑わしいと公言する者もいたからである。

とはいえ、動物解放論は人種差別との類推に終始するものではない。それどころか、『動物と人間と道徳』には、人間が他の動物を搾取するさまざまなやり方が記されており、寄稿者の数人は、先に述べたような肉食擁護論を含めてこれまでに提示されてきた弁明についても考察している。〔寄稿者による〕それらの反論は、公平無私の評者を説得すべく慎重に組み立てられたものというより、相手の議論を軽蔑し否定するものとなっている場合もある。これは本書の欠点かもしれないが、本書の性格を考えれば避けられなかった欠点である。ここで取り上げられる問題に対しては、誰も公平無私ではいられない。それは、編者たちが序論で次のように述べているとおりである。

訳注8　Richard Ryder, 'Experiments on Animals,' in *Animals, Men and Morals*, p. 81.

いったん道徳的評価の十分な説得力が明らかになれば、動物を殺すことについては、それが食用のためであれ科学のためであれ純粋な個人の道楽のためであれ、合理的な弁解の余地は一切なくなるだろう。私たちが本書を編んだのは、〔動物に対する〕野蛮な行いの残虐さを軽減するためのマニュアル本を読者に提供するためではない。人間が実際にどのような理由から人間以外の動物と乱暴な関係を結んでいるかを考えるならば、伝統的な意味での「妥協」〔動物実験や肉食を全面的に廃止するのではなく、残酷な扱いを漸減させるといった方針〕は、単に思慮の足りない弱腰な姿勢にすぎない。[訳注9]

要するに、この問題について完全に公平無私でいられる評者はほとんどいないということである。屠殺された人間以外の動物の肉片を毎日食べている人は、自分が間違ったことをしていると言われても信じがたく、そもそもそれ以外に何を食べたらよいのか想像もしがたいのだ。そこで、人間以外の動物を道徳の埒外に置かない人々にとっては、これ以上は議論しても無駄だと感じられる段階がやってくることになる。その段階に達すると、もはやできることと言えば、論敵を偽善的だと非難したり、デビッド・ウッドが本書に寄稿した論文の中で試みたように、私たちの慣行やその釈明に関する社会学的な説明を行ったりすることだけである。訳注10　とはいえ、〔動物解放論の〕議論に納得できず、また、自分が単に〔肉を食べたいという〕自らの食生活の好みや〔ベジタリアンになることで〕変人扱いされる不安を合理化しているだけだという見解を受け入れられない人にとっては、そのような社会学的説明は侮辱的で傲慢なものにしか見えないのだ。

II

種差別の論理を最も明白に示しているのは、人間に利益をもたらすための動物実験の慣行である。なぜなら、「人間以外の動物は人間とは非常に異なっているため、動物が苦しむかどうかについて私たちは何も知りえない」という主張によって問題が曖昧にされることはまずないからだ。動物実験が人間にとって有用であることを正当化するには、人間と他

訳注9　Stanley Godlovitch, Roslind Godlovitch and John Harris, 'Introduction,' in *Animals, Men and Morals*, p. 7.
訳注10　David Wood, 'Strategies,' in *Animals, Men and Morals*, pp. 193-212.

の動物の類似性を強調する必要があるため、動物実験を擁護する者がこのように主張することはできない。実験用のラットが飢え死にするか電気ショックを受けるかを選ばないといけない状況を作り、そのストレスで潰瘍になるかどうか（実際に潰瘍になる）を調べる研究者は、ラットが人間の神経系とよく似た神経系を有しており、おそらく人間と同じ仕方で電気ショックを感じるだろうとわかっているからこそ実験するのである。

動物実験に関するリチャード・ライダーの抑制のきいた解説は、本書の中で最も、同胞たる人間への憤りを覚えさせるものであった。[訳注11] 臨床心理学の専門家であるライダーは、その論考で提示している考えをもつ以前には、自分でも動物実験を行っていた。動物実験は今日、学術目的であれ商業目的であれ、一大産業となっている。1969年には英国で五〇〇万件以上の動物実験が実施されたが、その大半は麻酔なしで実施されていた（ただし、それらの実験のうち、どのくらい多くの実験が苦痛を伴うものだったかは不明である）。米国にはこの問題に関する連邦法がなく、また州法もない場合が多いため、実験数は正確にはわからない。推計では二〇〇〇万件から二億件まで幅がある。ライダーによれば、八〇〇〇万件程度と考えるのが最も妥当だとされる。こうした実験は全て、医学研究上きわめて重要な目的で行われていると私たちは考えがちだが、もちろんそんなことはない。森林科学から心理学まで、大学のさまざまな学科で膨大な数の動物が用いられており、さらにそれを上回る数の動物が、化粧品が肌に悪影響を与えたりシャンプーが目に悪影響を与えたりしないかどうかの検査や、食品添加物や下剤や睡眠剤などの検査のために用いられている。

食品に関する標準的な試験法は「ＬＤ50」と呼ばれるものだ。この試験の目的は、投与量がどのくらい増えれば被験動物の50パーセントが死ぬのかを調べることである。この試験によって、被験動物が最終的に死ぬ場合でも生き残る場合でも、そのほとんどは結果が出るまでに体調が非常に悪くなる。試験される薬物が無害なものである場合には、その膨大な投与量か濃度の高さが原因で死亡する事例が出るまで、被験動物に大量の薬物を強制的に摂取させねばならないこともある。

ライダーは最近の科学雑誌からいくつかの実験の例を選んで紹介している。私はそのうちの二つを以下で引用するが、それは生々しい描写を楽しむためではなく、普通の研究者が人間以外の種に当然行ってよいと考えているのはどのようなことなのかを読者にわかっ

訳注11　Richard Ryder, 'Experiments on Animals,' in *Animals, Men and Morals*, pp. 41-82.

てもらうためである。重要なのは、個々の研究者が残酷な人間だということではなく、それが私たちの種差別的な態度によって許容されている行いだということだ。ライダーが指摘するように、激しい苦痛を伴う実験がたとえ全体の1パーセントだけであっても、英国では一年に五万件、つまり毎日一五〇件近くもそうした実験が行われていることになる(そしてライダーの推計が正しければ、米国ではその約一五倍の実験が行われていることになる)。それでは、二つの実験を紹介しよう。

ピッツバーグ大学のO・S・レイとR・J・バレットは、一〇四二匹のマウスの足に電気ショックを与えた。次に、カップ状の電極を目に当てたり圧縮スプリングクリップを耳に取りつけたりすることで、より強いショックを与え、けいれんを引き起こした。残念なことに、「首尾よく初日の訓練を終えた」マウスのうちの何匹かは、「二日目の試験を行う前に病気になったか、死亡したことが明らかになった」。(*Journal of Comparative and Physiological Psychology*, 1969, vol. 67, pp. 110-116)

ロンドンのミル・ヒルにある国立医学研究所で、W・フェルトベルクとS・L・シャーウッドは猫の脳に化学物質を注入した。「大きく異なる一連の薬物を用いた結果、繰り返し起こる反応のパターンがあることがわかった。共通する特徴は、吐き気、嘔吐、排便、唾

液の増加、呼吸が大幅に速くなり息切れを起こす、などであった。」〔……〕
大量のツボクラリン〔毒性の高いアルカロイド系物質〕を猫の脳に注射した結果、その猫は「テーブルから床へ」飛び降り、「一直線にケージの中へ駆け込んで、そこで落ち着きのないぎくしゃくとした動きで歩き回りつつ、いっそう激しく鳴き始めた〔……〕。ついには猫は脚と首を縮めて倒れ、急速な間代性運動を始めたが、それは重度の〔てんかんの〕けいれんと同様の症状であった〔……〕。猫は数秒後に起き上がり、全速力で数ヤード走ってから、再び発作を起こして倒れた。この一連の過程がその後の一〇分間で何度か繰り返されたが、その最中に猫は排泄したり口から泡を出したりしていた。」
最終的に、この猫は脳への注射の三五分後に死んだ。(*Journal of Physiology*, 1954, vol. 123, pp. 148-167)

これらの実験には隠し事は一切ない。『比較・生理学的心理学雑誌』のような学術誌の最近の巻を読めば、この種の実験の詳細な記述と、その研究結果——多くの場合、些細であり調べるまでもなく自明な研究結果——を見ることができる。こうした実験はしばしば公的資金による支援を受けたものである。

このような慣行が広く容認されていることは、次の事実が雄弁に物語っている。すなわち、こうした実験は今この瞬間にも国中の大学のキャンパスで行われているにもかかわらず、私の知る限り、学生運動による抗議は一切なされていない、という事実である。学生たちは正当にも、自分たちの通う大学が人種や性別に基づく差別をしたり軍や大企業の目的に貢献したりすることがないよう、心を砕いてきた。〔にもかかわらず〕種差別は誰にも妨害されることなく続いており、多くの学生はそれに加担している。最初は少し気がとがめるかもしれないが、誰もが種差別〔に基づく動物実験〕を正常なことだと考えており、授業によってはそれが必須である場合さえあるため、学生はまもなく無感覚になる。そして、当初抱いた感情を「単なる感傷」だったと退けてしまい、動物のことを、その利害を考慮すべき、感覚をもつ生物としてではなく、統計上のデータとして考えるようになるのだ。

動物実験についての議論では、次のような絶対主義的な表現が用いられてきたため、しばしば論点がずれていた。「動物実験廃止論者は、たった一匹の動物に実験を行えば数千人を救えるかもしれない場合でも、それらの人々を見殺しにするつもりなのだろうか」。この純粋に仮定的な問いに答えるには、別の同様な問いを示せばよい。「動物実験存続論者は、多くの人の命を救うための唯一の手段が、生後六ヶ月未満の人間の孤児に実験を行うことである場合には、それを行うつもりなのだろうか」。(「孤児」と言ったのは、親の感情という要因によって問題が複雑になるのを避けるためである。もっとも、人間以外の被験動物は孤児ではないことを考慮するなら、これは存続論者にとってあまりに有利な仮定かもしれない。）存続論者がこの問いに「否」と答えるとすると、そこから明らかになるのは、存続論者が人間以外の動物を実験に用いてよいと考えるのは単なる差別でしかないということである。というのは、成体の類人猿や猫やネズミなどの哺乳類は、人間の幼児と比べて一層、自分の周りで起きている出来事を意識したり主体的に行動したりすることができ、また私たちにわかる限りでは、人間の幼児と全く同じぐらい苦痛に敏感であるからだ。人間の幼児がもっていて、成体の哺乳類は全く、あるいは劣った程度でしかもっていないような特徴は存在しないのである。

（人間の幼児を用いた実験が間違っているのは、幼児はやがて成長すると動物以上の存在になるからだ、と考えることもできるかもしれない。だがそうすると、議論の一貫性を保つには、妊娠中絶や、おそらくは避妊にも反対しなければならなくなるだろう。なぜなら、胎児や卵子や精子にも、幼児と同じ潜在的能力があるからだ。さらに言えば、この立場をとったとしても、やはり次の問いには答えられないだろう。すなわち、なぜ実験の対象として、脳に深刻な損傷があるために幼児以上の発達段階に成長できない人間ではなく、人間以外の動物を用いるのか、という問いである。)

以上より、動物実験存続論者は、次のような場合には常に、自分自身の種を優遇する偏見を示していることになる。すなわち、ある目的のために、ある人間以外の動物を用いて実験を行うにもかかわらず、同じ目的のために、感覚能力や意識や主体性などの点でその動物と等しいかそれ以下の人間を利用することは正当化されないと考える場合である。こうした動物実験によって得られた成果に詳しい人であれば、仮にこの偏見が払拭されたなら、動物実験の実施件数はゼロか、ほとんどゼロになることを誰も疑わないだろう。

III

種差別の論理を最も明白に示しているのが動物実験だとするなら、人間以外の種に対する私たちの態度の核心をなしているのは動物を食品として利用することである。『動物と人間と道徳』の大半は肉食を批判することに費やされている。その批判はもっぱら人間以外の動物への配慮のみに基づくものであり、環境保護やマクロビオティック〔二〇世紀前半に日本で始まった、玄米を主食とし肉食を避ける食事法ないし思想〕、健康、宗教への考慮に由来する議論は含まれない。

人間以外の動物は実用品——人間の目的のための手段——であるという考え方は、私たちの思考の隅々まで行き渡っている。野鳥が殺されることは懸念しても、それよりずっと膨大な数の肉用鶏が屠殺されることはほとんど気にかけない自然保護論者でさえ、このような考え方をしている。自然保護論者が心配しているのは、野生動物が減少すると人間が損失を被るかもしれないということなのだ。スタンリー・ゴドロビッチは、私たちの思考はニーズを満たすために行われる活動によって形成されるというマルクス主義の発想を推し進めて、人類が自分を取り巻く環境に対して最初に行った分類は、食べられるものか食べられないものかという分類であったと主張している。[訳注12] ほとんどの動物は前者のカテゴリーに入れられ、現在に至るまでそのままである。

たしかに人類は昔から食べるために他の種を殺してきたのかもしれないが、現代ほど容赦なく動物を搾取する時代はなかった。畜産は企業の手法に従うようになり、インプット（飼料や人件費など）に対するアウトプット（肉や卵や牛乳）の比率を可能な限り高めるこ

訳注12　Stanley Godlovitch, 'Utilities,' in *Animals, Men and Morals*, p. 181.

とがその目標となった。「工場畜産について」というルース・ハリソンの小論は、現代的な畜産方法のいくつかの側面を説明するとともに、工場畜産の有効な規制を目指したものの不首尾に終わった英国での運動――これは彼女の著作『アニマル・マシーン』[訳注13]がきっかけになって始まったものである――について説明している。[訳注14]

彼女の論考は、それに先立つ『アニマル・マシーン』の代わりになるものでは全くない。これは残念なことである。なぜなら、彼女が述べているように、「人々が畜産物からいまだに連想するのは、野原で草をはむ動物や、［……］寝床に向かう前に餌をついばむ雌鳥［……］といった光景である」からだ。にもかかわらず、このような誤ったイメージの代わりに、工場畜産の本質や規模についての明確な理解を与える記述は、『動物と人間と道徳』における彼女や他の人の論考のどこにもないのだ。とはいえ間接的には、本書から工場畜産の実態について学ぶことができる。すなわち、英国政府が設置した諮問委員会によって提案された改革の綱領を通してである。あまりにも理想主義的だという理由で政府はその提案の採用を見送ったのだが、そこに含まれていたのは以下の項目だった。「どんな動物であっても、少なくとも自由に体の向きを変えられるだけの空間が与えられなければならない」。

畜産工場の動物は、最も文字通りの意味での「解放（自由になること）」を必要としている。肉用の仔牛は5フィート×2フィート〔約1・5メートル×0・6メートル〕のストール〔牛舎や馬屋などの一頭分の仕切り〕の中で飼育されている。通常、仔牛は生後約四ヶ月で屠殺されるが、少なくとも最後の一ヶ月は体が大きくなってストールの中で向きを変えられずに過ごすことになる。成体でも、集約畜産で飼育される肉牛は、体が大きい分だけ仔牛用のものよりは広いが同様に窮屈なストールの中で、仔牛よりもずっと長い間飼われており、このような肉牛が牛肉の生産量全体に占める割合は年々大きくなってきている。同様に、雌豚も妊娠中はしばしばストールで飼育されるが、人為的に繁殖力を高める方法が用いられているため、生涯のほとんどをストールの中で過ごす場合もある。このような仕方で飼育される動物は、運動によって飼料を余分に消費することはないし、味の悪い筋肉を発達させることもないのである。

「あらゆる家畜に、乾いた寝床となる空間が与えられなければならない」。集約畜産で飼育されている動物は通常、柵で囲われた寝床わらが敷かれていない場所で立ったまま寝るこ

訳注13　Ruth Harrison, *Animal Machines: The New Factory Farming Industry*, London: Vincent Stuart, 1964.（翻訳――ルース・ハリソン『アニマル・マシーン――近代畜産にみる悲劇の主役たち』橋本明子・山本貞夫・三浦和彦訳、講談社、1979年。）

訳注14　Ruth Harrison, 'On Factory Farming,' in *Animals, Men and Morals*, pp. 11-24.

とを強いられている。これは、その方が掃除が楽だという理由からである。

「生後一週間以降の全ての仔牛は、味のよい粗飼料〔草などの繊維質の多い飼料〕をいつでも食べられる環境で育てられなければならない」。主婦が好むと言われている淡い色の仔牛肉を生産するために、仔牛は屠殺されるまでの間、通常なら草を食べるようになる月齢を大幅に超えているにもかかわらず、完全な液状飼料だけを与えられる。仔牛が粗飼料への欲求をもつようになることは、ストールの木をかじろうとする行動から明らかである。（また、粗飼料が与えられないため、仔牛の食事には鉄分が不足している。）

「家禽用のバタリーケージは、鳥が羽を片方ずつ伸ばせるぐらい広くなければならない」。現在の英国の慣行では、卵用種の雌鶏が四羽か五羽入れられたケージの床面積は20インチ×18インチ〔約51センチ×46センチ〕だが、これは『ニューヨーク・レビュー・オブ・ブックス』誌の見開き分の大きさとほとんど変わらない。このケージの中で、雌鶏は、傾斜したワイヤー張りの床の上で一年から一年半の時間を過ごす（傾斜が付いているのは卵が下に転がるようにするためであり、ワイヤー状になっているのは糞が隙間から落ちていくようにするためである）。その間ずっと雌鶏は、可能な限り多くの卵を産めるように、人工照明や気温調節の下に置かれると同時に、薬の混ざった飼料を与えられる。肉用鶏もケージで飼われることがあるが、畜舎で育てられることの方が多い。とはいえ、畜舎も同様に窮屈である。こうした条件の下で、鳥にとって自然なあらゆる活動が妨げられると、相手が死ぬまでつつき合うといった「悪癖」が形成されてしまう。そのようなつつき合いを防ぐために、しばしばくちばしを切断したり、畜舎を暗い状態に保ったりといったことが行われている。

動物性食品の購入によって工場畜産を支持している人々のうち、自分の買ったものが生産された方法について多少なりとも知っている人はどれくらいいるだろうか。また、工場畜産についていくらか聞いたことはあるものの、不愉快な気分になることを恐れてその実態を調べるのに消極的になる人はどれくらいいるだろうか。反種差別主義者からすると、典型的な消費者において見られる無知や、真実を明らかにすることへの消極的態度、本当に悪いことであれば容認されているはずがないという不確かな信念が混ざり合ったあり方は、「良識あるドイツ人」が〔ナチスの〕死の収容所について有していた態度によく似たものに見える。

もちろん、工場畜産を擁護する人々もいる。そうした人々の議論は、これまたかなり大まかにではあるが、ジョン・ハリスによって考察されている。[訳注15] 最もよくある議論としては、

「家畜は他の生き方を知らないのだから、苦しむことはない」というものがある。動物の行動について少しでも知識のある人なら、このような議論を展開することはないだろう。動物のあらゆる行動が学習に基づいているわけではないことを、その人は知っているはずだからである。〔バタリーケージに入っている〕鶏は、何とかして羽を広げたり歩き回ったり爪でひっかいたり、さらには砂を浴びたり巣を作ったりしようと試みる。こうした活動ができる状況で過ごしたことが一度もなくても、そうしようとするのである。仔牛は、母親から引き離されたときの月齢の大小にかかわらず、母親の不在による苦しみを感じうる。「増大する人口にたんぱく質を供給するには、こうした集約的手法が必要である」という議論もある。しかし環境保護論者や飢餓救済組織であれば知っているように、私たちが例えば大豆のような適切な植物性の作物を育てた方が、その土地で飼料作物を育てて家畜からたんぱく質を得る場合よりも、1エーカー〔約4000平方メートル〕あたりのたんぱく質の生産量ははるかに増大する。これは、家畜は運動ができない場合でさえ、飼料から摂取するたんぱく質の九割近くを自ら消費してしまうためである。

本書の読者の中には、工場畜産が感覚をもつ生物を正当化できないほど搾取していることは認めつつも、「人道的」でありさえすれば、動物を食用に育てることには何も問題はない、と言いたい人も多いだろう。そのような人々は、要するに、動物に苦しみをもたらすべきではないが、動物を殺すことは全く問題ないと言っていることになる。

この見解に対しては二つの応答が可能である。一つは、このような態度の組み合わせが不合理であることを示そうとするものだ。ロズリンド・ゴドロビッチはその論考の中でこの方針をとっており、動物に対するいくつかのよくある態度を吟味している。[訳注16]彼女によれば、「動物の苦しみは避けられるべきだ」という主張と「動物を殺すのは問題ない」という主張が組み合わさると、全ての動物の生を根絶やしにすべきだという結論が導かれることになる（なぜなら、感覚をもつ全ての生物は、その生涯のある時点である程度の苦しみを経験するはずだからである）。安楽死が論争の種になるのは、私たちが生に対して何らかの価値を見出しているからに他ならない。そうでなければ、ほんのわずかでも苦しみが存在するだけで安楽死が正当化されてしまうだろう。したがって、あらゆる動物の生を根絶する義務の存在を否定するのであれば、私たちは動物の生に何らかの価値を見出しているこ

訳注15　John Harris, 'Killing for Food,' in *Animals, Men and Morals*, pp. 97-110. なお、この論考の著者は「サバイバル・ロッタリー」の思考実験を考案したことで知られる哲学者のジョン・ハリスとは別人である。
訳注16　Roslind Godlovitch, 'Animals and Morals,' in *Animals, Men and Morals*, pp. 161-170.

とを認めなければならないのである。

この議論は私には妥当だと思われるが、なおも次のように反論する人がいるかもしれない。すなわち、動物の生の価値は、生きていることで得られる快楽に由来するものであり、したがって動物の生において快楽の量が苦痛の量を上回るのであれば、動物を育てることは正当化される、という反論である。だが、この反論が正しければ、私たちは動物を生み出して、可能な限り苦しみがなく楽しい生を送らせるべきだということになる。

ここで、人道的になされるのなら動物を食用に育てて殺すことは全く問題ないとする見解に対して、第二の応答を行うことができる。すなわち、人間は肉への嗜好を満たすためだけに人間以外の動物を殺してもよい、と私たちが考えている限り、依然として私たちは動物を目的自体ではなく手段だと考えていることになる、という応答である。工場畜産とは、まさにこの考え方に基づいて技術を応用したものに他ならない。伝統的な畜産方法ですら、去勢したり、母子を引き離したり、群れを解散させたり、焼き印を押したり耳に穴を開けたりするし、またもちろん食肉処理場への輸送や、動物が血のにおいを嗅いで危険が迫っていることを感じる最期の恐怖の瞬間を伴うものである。仮に私たちが、苦しむことなくその生を全うできるように動物を飼育しようとするなら、今日の食肉産業のような大規模な仕方でそうするのは、全くもって不可能だとわかるはずである。本気でそうしようとするなら、肉食は裕福な人だけの特権となるだろう。

私がここまで論じてきたのは、本書に寄稿された論考の一部にすぎず、例えば毛皮や娯楽のために動物を殺すことに関する小論には全く触れることができなかった。同様に、本書の提示するような、従来とは根本的に異なる仕方で他の種について考え始めたならば、当然問われる必要のある詳細な問題の全てを考察し尽くせたわけでもない。例えば、ドブネズミがスラム街の子どもたちに噛みつく場合のように、正真正銘の利害衝突が存在するときにはどうすべきだろうか。私には自信をもってこの問いに答えることはできないが、重要なのは、このような状況をまさに利害が衝突している状況と見なすことであり、ドブネズミも利害を有していることを認識することである。そうすることで私たちは、従来とは異なる仕方で衝突を解決する方法――おそらくは、ドブネズミを殺すのではなく不妊化するような餌を罠としてしかけるなど――を考えられるようになるだろう。

私がこうした諸問題を論じなかったのは、食べたり実験したりするために人間以外の種を搾取することに比べれば、それらは副次的な問題だったからだ。肉食や動物実験といった主要な問題については、ここまでの私の論述が次の点を十分に示せたことを願っている。

すなわち、本書はいくつかの欠点を有しているものの、人間以外の動物に対する自らの態度は人種差別や性差別と同じぐらい非難されるべき偏見の一形態なのだという認識を、全ての人間に対して突き付けている、ということだ。本書は単に態度の変更を求めるだけでなく、私たちの生き方にも変更を迫るような挑戦的なものである。というのは、本書は私たちにベジタリアンになることを要求しているからである。

こうした純粋に道徳的な要求が成功することはあるのだろうか。勝ち目はたしかに薄そうである。本書は何ら報酬を提示していない。動物の搾取をやめればもっと健康になれるとか、もっと人生を楽しめるとか論じているわけではない。動物解放運動においては、他のどんな解放運動にもまさり、人類により多くの利他心が必要とされる。なぜなら動物は自分で解放を要求することも、投票やデモや爆弾によって搾取に抗議することもできないからである。はたして人類はこのような本当の利他心をもてるのだろうか。その答えを知る者はまだいない。しかしながら、仮に本書が大きな影響をもたらすならば、人間の心の中には残酷さや利己心だけでなくもっと多くの可能性があると信じてきた全ての人々に、その信念が正しかったということを示すことになるだろう。

これが鶏の倫理的な扱い方だろうか？

ジム・メイソン[訳注1]との共著

ある種の人々は、鶏の境遇を考えることがほとんどないために、鶏がどのように扱われようと気にもしない。ある人を「チキン」と呼ぶことは、その人が腰抜けだという理由から軽蔑を示すことであり、また誰かを「鳥の脳みそ（birdbrain）」と呼ぶことは、並外れて愚かだと示唆することである。しかし、鶏は他の鶏を九〇羽まで個体識別でき、それぞれの個体のつつき順位〔鶏の社会に見られる順位関係。順位が高い方が低い方をつつく〕が自分と比べて高いのか低いのかもわきまえている。研究者たちによれば、色付きのボタンをすぐつつくと少しの餌が出てくるが、二二秒待ってからつつくと一層多くの餌が出てくる場合には、鶏はつつくのを待つことを学習できたという。[*2] さらに、鶏は何千世代にもわたって家畜としての品種改良を経てきたにもかかわらず、タカのような上空からの危険か、アライグマのような地上からの危険かによって異なる警戒声を発したり理解したりする能力を今日でも保持している。科学者たちが「対上空」の警戒声を録音したものを再生すると、鶏は「対地上」の警戒声の録音を聞いた場合とは異なる仕方で反応するのだ。[*3]

これらの研究は興味深いものの、倫理的に見て本当に重要な点は、鶏がどれほど賢いかではなく、鶏が苦しみうるか否かである。そして、この点について疑う余地はないだろう。鶏は私たちと似た神経系をもっており、私たちが鶏に対して、感覚をもつ生物を傷つけるであろう扱いをした場合、鶏が示す行動学的・生理学的反応は、私たちの反応と同様のものである。ストレスを感じたり退屈したりした場合、鶏は科学者が「常同行動」と呼ぶ行動を、すなわち、檻に閉じこめられた動物が行ったり来たりを繰り返すように、無意味な反復運動を行うようになる。鶏が二つの異なる住処をよく知っており、一方をより好んでいる場合には、懸命に努力して自分が好む方の住処にたどり着こうとする。脚を痛めている鶏は、鎮痛剤入りの餌を選んで食べようとする。どうやらその薬によって鶏の感じている苦痛が除去されるようで、鶏はより活発に行動するようになるのだ。*4

訳注1　米国の弁護士兼ジャーナリスト。四十年以上の期間にわたってシンガーとともに動物解放運動に携わっており、次の共著がある。Jim Mason and Peter Singer, *Animal Factories*, New York: Crown, 1980.（翻訳――ジム・メイソンとピーター・シンガー『アニマル・ファクトリー――飼育工場の動物たちの今』高松修訳、現代書館、１９８２年。）
Peter Singer and Jim Mason, *The Way We Eat: Why Our Food Choices Matter*, Emmaus, PA: Rodale, 2006.

*2　Jennifer Viegas, 'Chickens worry about the future,' *Discovery News*, https://www.abc.net.au/science/articles/2005/07/15/1415178.htm

*3　Susan Milius, 'The science of eeeeek: what a squeak can tell researchers about life, society, and all that,' *Science News*, Sept 12, 1998; available at https://www.questia.com/magazine/1G1-21156998/the-science-of-eeeeek-what-a-squeak-can-tell-researchers（ただし現在はアクセスできない。同じ記事は、次のＵＲＬから閲覧することができる。https://www.thefreelibrary.com/The+science+of+eeeeek%3A+what+a+squeak+can+tell+researchers+about+life%2C...-a021156998）

*4　T. C. Danbury et al., 'Self-selection of the analgesic drug carprofen by lame broiler chickens,' *Veterinary Record*, 146 (11 March 2000), pp. 307-11.

ほとんどの人は、動物に不必要な苦しみを与えることは避けるべきだという主張に直ちに同意するだろう。鶏や他の家畜の精神活動に関する近年の研究を要約して、イングランドにあるブリストル大学の動物福祉学の教授、クリスティーン・ニコルは次のように述べた。「私たちの課題は、私たちが食べたり利用したりしようと考えている動物はみな、複雑な〔精神をもつ〕個体なのだと他の人々に教えることであり、またそれに応じた仕方で私たちの畜産文化を変化させることである」[*5]。今から私たちが見ていくのは、この目標を達成するには畜産文化がどれほど変わらねばならないのか、ということだ。

スーパーマーケットで売られているほとんど全ての鶏——業界用語で「ブロイラー」と呼ばれる鶏——は、非常に大きな畜舎で飼育されている。典型的な畜舎の大きさは、長さ490フィート〔約149メートル〕、幅45フィート〔約14メートル〕であり、三万羽かそれ以上の鶏を収容できる。米国の鶏肉業界の事業者団体である全米鶏肉協議会が刊行する動物福祉ガイドラインによれば、平均的な市場出荷時体重の鶏一羽あたりの飼育密度は96平方インチであり[*6]、これは米国で用いられている標準サイズの8・5インチ×11インチのタイプ用紙一枚とだいたい同じ大きさである〔レターサイズと呼ばれるもので、日本のA4サイズに近い〕。鶏がまだ小さなひよこであるうちは過密状態ではないが、市場出荷時体重に近づくにつれ、床は完全に鶏で覆い尽くされていく。一見、畜舎に白いじゅうたんが敷かれているのかと見紛うほどである。鶏たちは周りの鶏を押しのけないと動くこともできず、羽を自由に広げることも、より横柄で攻撃的な鶏から逃げることもできない。このような過密状態はストレスをもたらす。というのは、より自然な環境では、鶏は「つつき順位」を確立し、それに応じて自分の空間を確保するからである。

仮に生産者が鶏により広い空間を与えたとすれば、鶏はより大きくなり、またより死亡しにくくなるだろう。しかし、鶏の飼い方の決め手になるのは、鶏一羽あたりの生産性ではなく、もちろん、鶏自身の福祉でもない。ある業界マニュアルの説明にあるように、「床面積を制限すれば鶏一羽あたりの生産量は減るが、問うべき問いはこれまでもこれからも一つである。投資利益率を最大化するために必要な、鶏一羽あたりの最小の床面積はどれくらいか」[*7]。

＊5　Jonathan Leake, 'The Secret Life of Moody Cows,' *Sunday Times*, February 27, 2005.

＊6　National Chicken Council, Animal Welfare Guidelines and Audit Checklist, Washington, DC, March 2003, available at https://thepoultrysite.com/articles/animal-welfare-guidelines-and-audit-checklist. 6頁で「[……] 密度は一平方フィートにつき生体重８・５ポンドを上回ってはならない」と述べられている。２００４年の市場出荷時体重の平均は5ポンドであるから（www.nationalchickencouncil.com/statistics/stat_detail.cfm?id=2 を参照（ただし現在はアクセスできない））、この密度は一羽につき85平方インチに相当することになる。

英国では、1997年にある裁判官が、鶏をそのような過密状態に置くのは残酷だという判決を下した。この裁判のきっかけは、ヘレン・スティールとデビッド・モリスという二人の英国人環境活動家がまいた小冊子だった。そこにはさまざまな事柄が主張されていたが、マクドナルド社は〔動物に対する〕残酷な扱いについて責任があると書かれていたことに対し、マクドナルド側がこれを名誉毀損だとして訴え出たのである。スティールとモリスは、巨大企業に対して自分たちの弁護をしてくれる弁護士を雇うお金がなかったため、弁護士を立てずに裁判を争うことに決め、自分たちの主張を支持する証拠を提出するよう専門家たちに求めた。この「マック名誉毀損（McLibel）」訴訟は、英国の法制史において最も長く続いた裁判となった。多くの専門家の証言を聞いた後、裁判官のロジャー・ベルは、スティールとモリスが主張したいくつかの事柄は間違っているが、残酷だという非難は妥当である、と判決した。「マクドナルド社が使用する鶏肉の生産に用いられているブロイラーは〔……〕その生の最期の数日間を、ほとんど身動きがとれない状態で過ごしている」と彼は述べた。「こうした最期の数日間に関して、身動きが厳しく制限された状態に置くことは残酷である。そしてマクドナルド社はこの残酷な慣行について罪に問われるべき責任を有する」[*8]。

鶏舎入場（警告――読むと気分を害する可能性あり）

典型的な鶏舎の中に入ると、目と肺が焼けつくような感覚に襲われるだろう。鶏の糞から発生するアンモニアのせいである。糞は掃除もされずに床に積み重なるままにされている。しかもそれは、一世代の鶏の一群が成長する期間中だけの話ではなく、通常は一年を通して、ときには数年の間、そのままなのである。[*9] 濃度の高いアンモニアによって、鶏は慢性呼吸器疾患にかかり、足やひざには炎症が起こり、胸部には水ぶくれができる。また、目からは涙が出るようになり、本当にひどい場合は多くの鶏が失明する。[*10] きわめて急速に

＊7　M. O. North and Bell D. D., *Commercial Chicken Production Manual*, 4th edition (New York: Van Nostrand Reinhold, 1990), p. 456.

＊8　John Vidal, *McLibel: Burger Culture on Trial* (London: Pan Books, 1997), p. 311.

＊9　H. L. Brodie et al., ‘Structures for Broiler Litter Manure Storage,’ Fact Sheet 416, Maryland Cooperative Extension, www.agnr.umd.edu/users/bioreng/fs416.htm（ただし現在はアクセスできない。同じ記事は、次のURLから閲覧することができる。https://enst.umd.edu/sites/enst.umd.edu/files/files/documents/Extension/Structures-Manure-Storage_FS-416.pdf）が、批判的な意味合いを一切含むことなく、糞尿の掃除を三年間延期することに言及している箇所を参照せよ。Anon., ‘Animal Waste Management Plans,’ *Delaware Nutrient Management Notes*, Delaware Department of Agriculture, vol. 1, no. 7 (July 2000) も参照。この文献では、寝床わらの90パーセントは二年間所定の位置に置かれたままである、という想定に基づいて計算が行われている。

成長するよう品種改良されている鶏たちは、体重が増えるにつれ立ち続けることに苦痛を感じるようになり、大半の時間を排泄物が染み込んだ寝床わらに座って過ごすことになる。胸部に水ぶくれができるのはこのためである。

鶏は何世代にもわたり、最短の時間で最大量の鶏肉を生産できるように品種改良されてきた。今日の鶏は、1950年代に飼育されていた鶏に比べて三倍の速さで成長する一方で、餌の消費量は三分の一で済む。[*11] しかし、この容赦なく続く効率性の追求は犠牲を伴ってきた。骨格の成長が筋肉や脂肪の成長に追いつかないのだ。ある研究によれば、ブロイラーの90パーセントの脚に疾患を見て取ることができ、26パーセントは骨疾患に起因する慢性的な苦痛を被っている。[*12] ブリストル大学獣医学部のジョン・ウェブスター教授は次のように述べた。「家畜の中でもブロイラーだけが、その一生の最後の二割の期間、慢性的な苦痛を感じながら過ごしている。ブロイラーが動き回らないのは、過密状態に置かれているからではなく、動くと関節がひどく痛むからだ[*13]」。ときには背骨が折れて、麻痺状態になる場合もある。麻痺した鶏や脚の折れた鶏は餌や水のあるところにたどりつけなくなると、飢えや渇きで死ぬことになる。飼育者には個々の鶏の状態をわざわざ確認する気がないか、そうする時間がないからだ。ウェブスターの考えでは、動物福祉に関するこれらの問題やその他の問題、および問題に関わる動物の数の膨大さ――米国では九〇億羽近く――を考慮に入れると、工業型鶏肉生産は、「その規模からしても過酷さからしても、人類が他の感覚をもつ動物に対して行う非人道的な扱いの中で、最も過酷で組織的な事例である」[*14]。

工業型畜産を批判すれば、業界の広報担当者はきっと次のように応答するだろう。家畜は健康で幸福な状態に保てばよく育つのだから、そうすることは畜産農家の利益になるの

＊10　C. Berg, 'Foot-Pad Dermatitis in Broilers and Turkeys,' *Veterinaria* 36 (1998); G. J. Wang, C. Ekstrand, and J. Svedberg, 'Wet Litter and Perches as Risk Factors for the Development of Foot Pad Dermatitis in Floor-Housed Hens,' *British Poultry Science* 39 (1998), pp. 191-7; C. M. Wathes, 'Aerial Emissions from Poultry Production,' *World's Poultry Science Journal* 54 (1998), pp. 241-51; Kristensen and Wathes, *op cit*（どの論文を指すのか不明）; S. Muirhead, 'Ammonia Control Essential to Maintenance of Poultry Health,' *Feedstuffs* (April 13, 1992), p. 11. アンモニアによる失明については、次の論文を参照せよ。Michael P. Lacy, 'Litter Quality and Broiler Performance,' University of Georgia College of Agriculture and Environmental Sciences, https://thepoultrysite.com/articles/litter-quality-and-broiler-performance and Karen Davis, *Prisoned Chickens, Poisoned Eggs: An Inside Look at the Modern Poultry Industry*, (Summertown, TN: Book Publishing Company, 1996), pp. 62-4, 92, 96-8.

＊11　G. Havenstein, P. Ferket, and M. Qureshi, 'Growth, livability, and feed conversion of 1957 versus 2001 broilers when fed representative 1957 and 2001 broiler diets,' *Poultry Science* 82 (2003), pp. 1500-1508.

＊12　S. C. Kestin, T. G. Knowles, A. E. Tinch, and N. G. Gregory, 'Prevalence of Leg Weakness in Broiler Chickens and its Relationship with Genotype,' *Veterinary Record* 131 (1992), pp. 190-9.

＊13　以下で引用されている。*The Guardian*, October 14, 1991.

＊14　John Webster, *Animal Welfare: A Cool Eye Towards Eden* (Oxford: Blackwell Science, 1995), p. 156.

だ、と。商業的な養鶏のあり方はこの主張の誤りを決定的に示している。鶏が十分成長する前に死ねば飼育者に金銭的損失が生じるのは確かだが、問題は畜舎全体の生産性なのである。アーカンソー大学で応用ブロイラー研究ユニットを統率するG・トム・タブラーと同大学の家禽学科のA・M・メンデンホールは、次のような問いを立てた。「体が最大になるように鶏を育てると、心臓発作や腹水（急速な成長がもたらす別の病気）や脚の疾患が原因で死亡率が増加するが、その方が収益は増大するだろうか。それとも、鶏の体がそれほど大きくならないように成長速度を抑え、心臓や肺や骨格の疾患を減らすべきだろうか」。いったんこのような問いが立てられると、彼ら自身が指摘しているように、あとは「単純な計算」をするだけで、種々の費用次第では「体重を増やして死亡率は無視した方がよい」場合もしばしばある、という結論に至ることになる。[*15]

急速に成長するように鶏が品種改良されたことで、種鶏、すなわち肉用鶏の親には別の問題が生じるようになった。種鶏は子の肉用鶏と同一の遺伝的特性を備えており、旺盛な食欲もその一つである。しかし、種鶏は成鳥になるまで生きて、できる限り長い間、繁殖し続けねばならない。種鶏の食欲を満たすように餌を与え続ければ、種鶏は異様なほど太ってしまい、性成熟〔生殖が可能な成長段階〕を迎える前に死亡するかもしれない。仮にその時点まで生き延びたとしても、繁殖することはできないだろう。そこで種鶏業者は、種鶏がその食欲に任せて食べ続けたならば食べたであろう量よりも六割から八割、餌を減らすのである。[*16] 全米鶏肉協議会の動物福祉ガイドラインは、「餌抜き日」、すなわち空腹な鶏に全く餌を与えない日について言及している。餌がないと種鶏は「過剰な」量の水を飲みがちであるため、餌抜き日には水も制限されることがある。種鶏はストレスを和らげるためか、あるいは何か食べ物が見つかるかもしれないという空しい希望を抱いて、何も落ちていない場合ですら地面を衝動的につつくようになる。マック名誉毀損訴訟でこの慣行を調査したベル裁判官は、次のように述べた。「私の結論はこうだ。極度の空腹を感じるような食欲旺盛な種鶏を育てておきながら、餌の量を制限することで空腹を持続させるという慣行は残酷である。この慣行は、鶏の苦しみという犠牲を払って収益を得るための巧妙に練られた企みである」。

こうした種鶏の子であり急速に成長する肉用鶏は、たった六週間しか生きられない。そ

＊15　G. T. Tabler and A. M. Mendenhall, 'Broiler Nutrition, Feed Intake and Grower Economics,' *Avian Advice* 5(4) (Winter 2003), p. 9.

＊16　J. Mench, 'Broiler breeders: feed restriction and welfare,' *World's Poultry Science Journal*, vol. 58 (2002), pp. 23-9.

の時期になると鶏は捕えられ、輸送用のケースに入れられ、トラックで屠殺場に運ばれる。『ワシントン・ポスト』紙の記者は、鶏を捕える作業員が働く様子を観察して次のように記した。「彼らは鶏の脚をつかみ、鶏をまるで洗濯物の入った袋か何かのようにケージの中に詰め込んでいき、ときには乱暴に押し込んだ」。仕事をより迅速にこなすために、作業員は鶏の片方の脚だけを持つことで、両手にそれぞれ四羽か五羽の鶏をつかんで仕事を行う。(全米鶏肉協議会の動物福祉ガイドラインは、経済的利益をもたらしうる慣行はどんなものでも極力減らすまいとして、「片手あたりの鶏の最大数は五羽とする」と述べている。)脚を一本だけ掴まれて逆さ吊りにされた鶏は、おびえて羽をバタバタさせたり身をよじったりし、しばしば股関節の脱臼や骨折、羽の骨折、内出血といった損傷を受けることがある。[*17]

ケージの中に詰め込まれた鶏は、次に屠殺場へと向かうことになるが、この移動は数時間に及ぶこともある。輸送用のケースから取り出される順番がとうとうやってくると、鶏はベルトコンベアからぶら下がっている金属製の足かせをはめられ、屠殺室へと向かっていく。重要なのはスピードだ。なぜなら、屠殺場への支払額は、屠殺後に得られる鶏肉の重量によって決まるからである。今日では、屠殺場の解体作業は通常一分あたり九〇羽のペースで行われており、最速では一分あたり一二〇羽、つまり一時間あたり七二〇〇羽のペースで行うことができる。もっと遅い場合でさえ、二〇年前に比べれば二倍の速さで解体作業が行われる。このようなスピードでは、仮に作業員が鶏をやさしく慎重に扱おうと思ったとしても、到底不可能な話である。

他の先進国と違い、米国の法律では、屠殺前に鶏（やアヒルや七面鳥）を意識のない状態にすることが求められていない。解体作業のコンベアで運ばれてくる鶏は、上下逆さまの状態のまま、その頭部を電気風呂に浸される。この電気風呂は業界では「気絶装置」と呼ばれているが、この呼び方は不適切である。モハン・ラジ博士はイングランドにあるブリストル大学の臨床獣医学科の研究者で、さまざまな方法で気絶させられた後の鶏の脳内活動を記録し、その結果を『世界家禽学雑誌』などの出版物で公表している。私たちは彼に尋ねてみた。「米国の消費者は、スーパーマーケットで自分が買ったブロイラーは、適切な仕方で気絶させられるため喉を切られるときに意識はなかった、と自信をもって言える

＊17　I. J. H. Duncan, 'The Assessment of Welfare During the Handling and Transport of Broilers,' in J. M. Faure and A. D. Mills (eds.), *Proceedings of the Third European Symposium on Poultry Welfare* (Tours, France: French Branch of the World's Poultry Science Association, 1989), pp. 79-91; N. G. Gregory and L. J. Wilkins, 'Skeletal Damage and Bone Defects During Catching and Processing,' in *Bone Biology and Skeletal Disorders in Poultry*. C. C. Whitehead, ed. (Abingdon, England: Carfax Publishing, 1992). Cited from A COK Report: Animal Suffering in the Broiler Industry.

でしょうか」。彼の答えは明確だった。「いいえ。電気風呂を使った現在の気絶方法では、ブロイラーの大半は屠殺の瞬間まで意識があり、痛みや苦しみを感じている可能性が高いです」。彼が続けて説明するところによれば、現在の気絶方法で用いられているタイプの電流は鶏の意識を即座に失わせるには不十分である。しかし、意識を即座に失わせるほどの電流を用いると、鶏肉の品質が損なわれる恐れがある。法律には気絶に関する規定がない以上、業界がそのような危険を冒すことはない。とはいえ、現在用いられている不十分な電流によって鶏の意識がなくなることはないとしても、明らかに麻痺はする。屠殺場の経営者からすれば、意識を失わせなくても麻痺をさせれば十分である。麻痺さえしていれば鶏が暴れ回ることはなく、喉を切るのもより簡単になるからだ。

解体作業のスピードが速いために、電気風呂に浸した後の喉を切る作業が失敗に終わることもある。その場合、鶏は生きて意識を保ったまま、次の作業段階に進み熱湯タンクに入れられる。どれほど多くの鶏が結果的に生きたまま茹でられているのかについて、その数を知るのは困難だが、米国情報公開法に基づき入手した文書によれば、米国だけでも一年間で三〇〇万羽に上る可能性がある。*18 だとすると、あなたがこのページを読んでいる間にも、一一羽の鶏が生きたまま熱湯で茹でられ死亡していることになる。だが、実際の数はそれよりはるかに多いかもしれない。アラバマ州のヘフリンにあるタイソン社の屠殺場で隠し撮りされたビデオテープには、適切に機能していない喉切り機で切断された多くの鶏の姿が記録されている。喉切り機の刃が当たり損ねたためにまだ生きている鶏の頭部を作業員がもぎ取る様子。意識のある鶏が熱湯タンクに入れられる様子。控えの屠殺担当者がしとめ損ねたために生きたまま熱湯で茹でられる鶏の数が、一回の勤務時間で四〇羽なら許容範囲内だ、という作業員の発言も記録されていた。[*19]

読者はここまでの数段落を読んで気分が悪くなったかもしれない。だが、長年タイソン・フーズ社の社員として、アーカンソー州のグラニスにある屠殺場の屠殺室で働いてきたバージル・バトラーは、毎晩八万羽の鶏を主にケンタッキーフライドチキン（ＫＦＣ）用に屠殺した経験を踏まえて、ここまでの本稿の描写は「私が目撃した恐しい光景に比べればはるかにましである」と述べている。彼の従事していた解体作業は進行が非常に速かったため、次の作業段階へと進む前に全ての鶏を殺すのは不可能だった。彼によれば、順調な

＊18　Freedom of Information Act #94-363, Poultry Slaughtered, Condemned, and Cadavers, 6/30/94; cited in United Poultry Concerns, 'Poultry Slaughter: The Need for Legislation,' http://www.upc-online.org/slaughter/slaughter3web.pdf.

＊19　'Tyson to Probe Chicken-slaughter Methods,' Associated Press, May 25, 2005.

夜でさえ、およそ七羽に一羽の鶏が生きたまま熱湯タンクに入れられた。平均的な夜なら、一〇羽に三羽の鶏がそうなった。屠殺され損ねた鶏は、バトラーによれば「生きたまま茹でられることになる」。そうなった鶏は「羽をバタバタさせ、叫び声を上げ、脚を蹴り上げ、そして眼球が頭部から飛び出す」。タンクから取り出された鶏は、「タンクの中で激しくもがいたために、骨折していたり、体が変形していたりその一部が失われていたりする」ことがしばしばだった。[*20] 機械の故障があったときでも、監督者は、鶏が生きたまま熱湯タンクに入れられたり、うまく動かない機器により脚を骨折したりすることになるとわかっているにもかかわらず、解体作業を止めるのを拒否した。

精神的に追い詰められて上司に怒りを感じていたり、労働条件に不満を抱いていたりする人々は、ときにおかしな行動に出ることがある。2003年1月にバトラーは公式の声明を発表し、作業員たちが鶏を引きちぎってバラバラにしたり、鶏を足で踏みつけたり殴ったり、フォークリフトで故意に轢き殺したり、さらにはドライアイスの「爆弾」で破裂させたりしていると述べた。タイソン社はその声明を、解雇されて不満を抱えた労働者による「突拍子もない」作り話だとして退けた。

たしかにバトラーは不法侵入罪の前科があったし、他にも法的問題を抱えていた。しかしバトラーがこうした「突拍子もない」主張を行ってから一八ヶ月後、ウェスト・バージニア州のムーアフィールドにあるもう一つのＫＦＣ供給用の屠殺場で隠し撮りされたビデオテープによって、彼の主張の信憑性は大いに高まることになった。米国内で二番目に大きな鶏肉生産会社であるピルグリムズ・プライド社が経営するその屠殺場は、ＫＦＣの「サプライヤー・オブ・ザ・イヤー」を受賞したこともあった。「動物の倫理的扱いを求める人々の会（People for the Ethical Treatment of Animals）」で活動している覆面調査員が撮影したそのテープには、屠殺場の作業員が、バトラーが描写したのと非常によく似た振る舞いをしている様子が録画されていた。すなわち、作業員たちは生きている鶏を壁に投げつけたり、ジャンプして鶏を踏んづけたり、サッカーボールか何かのように鶏を床に落として蹴り上げたりしていたのだ。その覆面調査員によれば、カメラに収めることができた映像以外にも、彼は「何百もの」残酷な行為を目撃した。作業員たちは鶏の頭部をもぎ取って血で壁に落書きをしたり、生きている鶏から羽毛をむしり取って「雪を降らせ」たり、ゴム手袋を頭部に縛りつけて鶏を窒息死させたり、水風船か何かのように鶏の体をギ

＊20　タイソン社の社員バージル・バトラーの署名入り声明、2003年1月30日。

ュッと押しつぶして飛び出た糞尿を他の鶏に浴びせかけたりしていた。その調査員の考えでは、作業員たちがそのようなことをするのは、退屈しているからか、あるいはその仕事内容に対する苛立ちを発散させる必要があったためである。明らかに、この仕事によって、作業員たちは動物の苦しみに対する感受性を失ってしまっていた。

ムーアフィールドの作業員たちの行動と、バトラーが描写したグラニスの作業員たちの行動の間にある唯一の重要な違いは、ムーアフィールドでの行動はビデオテープに録画されたという点だけである。ピルグリムズ・プライド社は、残酷な行為の証拠を退けることができなかったため、「〔作業員たちの振る舞いを知って〕愕然とした」と述べた。[*21] しかし、米国の二大鶏肉供給会社であるピルグリムズ・プライド社もタイソン・フーズ社も、この問題の根本的な原因に対していかなる取り組みを行うこともなかった。その根本的な原因とは、未熟練・低賃金の作業員たちが、一回の勤務時間内に最大九万羽を屠殺できるよう何があろうと解体作業の進行を維持せよという圧力を絶えず受けつつ、しばしば息詰まるほどの暑さの中、不潔で血まみれの作業に従事させられていることである。

*21 Donald G. McNeil Jr, 'KFC Supplier Accused of Animal Cruelty,' New York Times, July 20, 2004.

オックスフォードのベジタリアンたち

――私的な回想

多かれ少なかれ偶然によって集まった人々が、互いに触媒効果をもたらし、それぞれが独力ではできなかったようなことを成し遂げる場合がある。その有名な例が、ブルームズベリー・グループ訳注1（G・E・ムーア、バージニア・ウルフとレナード・ウルフ、E・M・フォースター、J・M・ケインズ、バネッサ・ベルとクライブ・ベル、リットン・ストラッチー他）である。1969年から1971年ぐらいの間にオックスフォードにいたベジタリアンの集団が、これらの著名な人々に比肩しうると示唆したなら、それは自惚れだと言われるだろう。しかし、仮にいつの日か動物解放運動が人間以外の種に対する私たちの態度の変革に成功することがあれば、オックスフォードのベジタリアンたちがその重要な推進力の一つであったと見なされるときが来るかもしれない。

妻のレナータと私は、1969年の10月にオックスフォードに到着した。私は大学院で哲学の学位を取るために来たのだが、これは研究者になるために学んでいるオーストラリア人の哲学科学生の教育にとっては自然な終着点であった。私の関心は倫理学と政治哲学にあったが、私の哲学的研究と日常生活とはあまり結びついてはいなかったかもしれない。私は動物の日々の生活と倫理的信念は他の学生たちとほとんど変わるところがなかった。私は動物について何ら明確な考えをもっていなかったし、人間による動物の扱いの倫理性についても同様であった。多くの人がそうであったように、私も動物虐待には反対だったが、それについて大きな関心を寄せていたわけではなかった。たとえ動物虐待が起きたとしても例外的なものに留まるよう、英国動物虐待防止協会（ＲＳＰＣＡ）と政府がきちんと対応してくれるだろう、と何となく考えていた。私はベジタリアンのことを、良く言えば別世界に住む理想家たち、悪く言えば頭のいかれた人たちだと思っていた。動物の福祉については、心の優しい老婦人たちが掲げる目標であり、真剣な政治改革者が関わることではないと捉えていた。

人間と動物の関係について私がもっていた自己満足的な考えに亀裂が生じ始めたのは、１９７０年にオックスフォード・グループの一員であるリチャード・ケッシェンとたまたま知り合ったときである。彼はカナダ人で、私と同じく哲学科の大学院生だった。彼と私は、ニュー・コレッジのフェローであるジョナサン・グラバーが行っていた自由意志や決定論、道徳的責任についての講義に出席していた。[訳注2] その講義は刺激的で、終了後には何人かの学

訳注1　「ブルームズベリー・グループ」とは、二〇世紀初頭、英国ロンドンの地区であるブルームズベリーに集った学者や芸術家によって形成された集団のことを指す。シンガーがここで挙げているような著名な人物たちが参加していたことで知られている。

生がその場に残り、講師に質問したり講義の内容について議論したりすることがよくあった。あるとき、こうした講義終了後の居残り組の一員であったリチャードと私は、一緒にその講義室を出た後もさらに議論を続けていた。ちょうどお昼時だったため、リチャードは、自分のコレッジであるベイリオルに行き、昼食をとりながら会話を続けよう、と提案した。〔コレッジの食堂で〕食べ物を選ぶとき、私が気づいたのは、リチャードがスパゲッティソースの中に肉が入っているかどうかと〔調理人に〕尋ね、入っていると言われると肉なしのサラダを選んだことであった。そこで、自由意志と決定論についてたっぷり話し合った後、私はリチャードに、どうして肉の入った料理を避けたのか、と尋ねてみた。私の人生を変えることになる議論はこうして始まったのである。

とはいえ、変化がすぐに起きたわけではない。畜産動物の扱いに関するリチャード・ケッシェンの話と、私たちが動物の利害を無視していることを批判する彼の議論を聞いたことで、私は多くのことを考えるようになったものの、自分の食生活が一晩で変わることはなかった。それから二ヶ月の間にレナータと私は、リチャードの妻のメアリーと、ロズリンド・ゴドロビッチとスタンリー・ゴドロビッチという別の二人のカナダ人の哲学科学生と知り合った。リチャードとメアリーをベジタリアンにしたのは、このゴドロビッチ夫妻であった。ロズとスタンはオックスフォードにやってくる一、二年前にベジタリアンになっていた。二人は人間による動物の扱いを、過去数世紀にわたって行われてきた白人によるそれ以外の人種に対する残忍な搾取に類似するものと見なすようになったのだ。二人はこの類似性を私たちに対して力説し、自分自身の種に属するものとそうでないものを扱う際に私たちが行っている区別を正当化しうるような道徳的に重要な違いが、人間と動物の間にあるのならそれを見つけてみるがよい、と私たちを挑発した。

その二ヶ月の間に、レナータと私はルース・ハリソンによる先駆的な工場畜産批判の書、『アニマル・マシーン』[訳注3]を読んだ。また私は、ロズ・ゴドロビッチが先だって学術誌『哲学』に発表した論文[訳注4]を読んだ。彼女はちょうど、自分とスタンとジョン・ハリス（もう一人のベジタリアンのオックスフォード哲学科学生）による共編著に再録するために、その

訳注2　ニュー・コレッジや後出のベイリオル・コレッジは、それぞれオックスフォード大学を構成する学寮である。オックスフォード大学は基本的にこうした多くのコレッジの集合体であり、「フェロー」とは、それぞれのコレッジに所属する教員のことを指す。

訳注3　Ruth Harrison, *Animal Machines: The New Factory Farming Industry*, London: Vincent Stuart, 1964.（翻訳——ルース・ハリソン『アニマル・マシーン——近代畜産にみる悲劇の主役たち』橋本明子・山本貞夫・三浦和彦訳、講談社、１９７９年。）

訳注4　Roslind Godlovitch, 'Animals and Morals,' *Philosophy*, vol. 46, issue 175, pp. 23-33, 1971.

論文を手直ししている最中だった。ロズは自分の手直しの内容に若干の不安を感じていたため、私は多くの時間を割いて、彼女が自分の議論を明確で強力なものにするのを手伝おうとした。最終的に彼女は我が道を行き、『動物と人間と道徳』[訳注5]に収録されたその論文の改訂版[訳注6]には、私の提案は一切組み入れられていなかったように思う。しかし、彼女の議論を可能な限り強力な形で表現する過程で、私はベジタリアンの立場を支持する論理には反論の余地がないことを確信した。レナータと私は、自分たちが自尊心を保ち、今後も道徳的な問題と真剣に向き合い続けるためには、動物を食べるのをやめなければならないと結論した。

ケッシェン夫妻とゴドロビッチ夫妻を通じて、私たちはゆるやかに結びついたベジタリアン集団の他のメンバーとも知り合いになった。そのうちの何人かは、広大な菜園付きのやたらに広い古い一軒家で共同生活をしていた。この半ばコミューンのような家屋で暮らす住人には、ジョン・ハリスと、『動物と人間と道徳』のもう二名の寄稿者であるデビッド・ウッドとマイケル・ピーターズがいた。現在の人間による動物の扱いが不道徳だということ以外に、私たちの意見が哲学的に一致する点はほとんどなかった。デビッド・ウッドの関心は大陸哲学、マイケル・ピーターズはマルクス主義や構造主義、リチャード・ケッシェンが好きな哲学者はスピノザで、ロズ・ゴドロビッチはまだ自分の基本的な立場を形成する途中だった——彼女は学部では哲学を学んでおらず、哲学に関わるようになったのは、人間と動物の関係をめぐる倫理に関心をもったことの結果でしかなかった。そして、スタン・ゴドロビッチは道徳哲学の研究を拒んでおり、自分の研究領域を生物学の哲学に限定していた。私はこれらの人々に比べると英米哲学の主流に位置しており、道徳哲学においては他の人々よりもはるかに功利主義的な立場を取っていた。

また、当時のオックスフォード近辺には、リチャード・ライダーやアンドリュー・リンジー、スティーブン・クラークもいた。リチャード・ライダーはオックスフォードにあるウォーンフォード病院に勤めていた。彼は以前に「種差別（Speciesism）」についてのチラシを書いたことがあり——これは私の知る限りその語の最初の用例である——、当時は『動物と人間と道徳』に寄稿するために動物実験についての小論を書いていた。[訳注7] 後に彼はその

訳注5　Stanley Godlovitch, Roslind Godlovitch and John Harris, eds., *Animals, Men and Morals: An Enquiry into the Maltreatment of Non-Humans*, London: Gollancz, 1971.
訳注6　Roslind Godlovitch, 'Animals and Morals,' in *Animals, Men and Morals*, pp. 156-172.
訳注7　Richard Ryder, 'Experiments on Animals,' in *Animals, Men and Morals*, pp. 41-82.

研究をさらに展開して動物実験に対する見事な批判の書である『科学の犠牲者たち』[訳注8]を公刊した。彼はまたＲＳＰＣＡの内部で「急進派」を作り、当時はきわめて保守的だったＲＳＰＣＡに、キツネ狩りをする人々を組織から追放させることや、その他の問題に関してもより強硬な姿勢を取らせることを目指していた。その頃は、それはほとんど勝ち目のない争いのように見えた。私はロズ・ゴドロビッチの紹介を通してリチャード・ライダーと知り合いになり、彼から動物実験について多くのことを学んだ。当時、私たち二人の立場は互いの鏡像のように対称的なものであった。私はベジタリアンだったが、ほとんどの動物実験は命を救うために必要であり、それゆえ功利主義的な根拠から正当化されると素朴に思い込んでいたため、動物実験に強く反対してはいなかった。他方、リチャード・ライダーは当時はベジタリアンではなかったが、動物実験にはしばしば極度に大きな苦しみが伴うという理由から反対していた。

　アンドリュー・リンジーはキリスト教神学の観点から動物の問題に関心をもっていたが、私たちは非宗教的だったため、グループの大半のメンバーは彼の立場に関心がなかった。リンジーの著作である『動物の権利』[訳注9]は１９７６年にＳＣＭ出版から刊行された。スティーブン・クラークはこの当時オックスフォード大学のオール・ソウルズ・コレッジのフェローだったのだが、私が彼と知り合ったのはかなり後のことで、彼が『動物の道徳的地位』[訳注10]を書き終え、それが1977年に公刊されてからだった。

これらの著作のうち、最初に出版されたのは1971年の『動物と人間と道徳』であり、私たちはその本に大きな希望を託していた。それは、この本が人間以外の動物に対する私たちの態度や扱いに革命的変化を求めるものだったからだ。とりわけロズ・ゴドロビッチは、この本が広範な抗議運動を引き起こす可能性まで考えていたように思われる。こうした期待に照らしてみると、その本に対する世間の反応は全くもって期待外れのものであった。主要な新聞や週刊誌はその本を無視した。例えば『サンデー・タイムズ』紙では、「寸評」の欄でしかこの本への言及はなく、短い一段落で紹介がなされただけで、批評もついていなかった。私たちの考えはあまりに急進的で、お堅い英国の報道業界には真面目に受け取ってもらえなかったようだ。

当時、英国での『動物と人間と道徳』の出版が事実上黙殺されたことは、深刻な敗北の

訳注8　Richard D. Ryder, *Victims of Science: The Use of Animals in Research*, London: Davis-Poynter, 1975.
訳注9　Andrew Linzey, *Animal Rights: A Christian Assessment of Man's Treatment of Animals*, London: S. C. M. Press, 1976.
訳注10　Stephen R. L. Clark, *The Moral Status of Animals*, Oxford: Clarendon Press, 1977.

ように思われた。だが、その出版をきっかけに生じた一連の出来事が、私が『動物の解放』を書くことへとつながっていった。英国で『動物と人間と道徳』が刊行されてからしばらくして、ゴドロビッチ夫妻にある朗報が届いた。タプリンガー社がその本の米国版を出版することに決めたという知らせである。しかし、英国でほとんど注目されなかった本が米国でより大きな注目を集めるのだろうか？　そうなるように最善を尽くそう、と私は決意した。いずれにせよ私は、動物に対する私たちの扱い方の不当さを人々がもっと自覚するように何か書きたいと前々から考えていた。にもかかわらずそれを思いとどまっていたのは、自分の考えの多くが他の人々、とりわけロズから学んだものである以上、それらの考えの公表は彼女に任せるべきだと感じていたからだ。そこで私が思い至ったのは、人々にこの問題を自覚させたいという自分自身の欲求を満たしつつ、同時に友人たちの考えが、これまで浴びてこなかった本来ふさわしいだけの注目を浴びる一助ともなる方法があるということだった。それは私が、『動物と人間と道徳』を基に長めの書評記事を書き、それぞれの寄稿者の見解を抜き出して動物解放論という単一の首尾一貫した哲学にまとめ上げることである。そのような書評記事が掲載される可能性のある米国の雑誌で私が知っていたのはただ一つ、『ニューヨーク・レビュー・オブ・ブックス』誌だけであった。

私は『ニューヨーク・レビュー』誌の編集部宛に手紙を書き、『動物と人間と道徳』および自分が書く予定の書評の内容を説明した。それまで私はこの雑誌とはつながりがなく、また先方も私のことを知らなかっただろうから、どんな答えが返ってくるかは未知数だった。この雑誌が新奇で急進的な考えに開かれていることは知っていたが、もしかすると自分たちが知っている人々からの寄稿しか受けつけていないのではないか？　動物解放論という考えは編集部の人々には馬鹿げたものに見えるのではないだろうか？

ロバート・シルバーズによる返信は、慎重だが励まされるものであった。着想は好奇心をかきたてるものであり、自分としてはその記事を読んでみたいが、掲載は約束できない、と記されていた。しかしこれは、私にとっては十分な励ましとなり、私はその記事をすぐに書き上げ、掲載も決まった。「動物の解放」と題されたその記事は、１９７３年の４月に公表された。[訳注11]　私はほどなくして、動物に対する不当な扱いについて抱いていた感情が首尾一貫した哲学によって正当化されるのを待ち望んでいたと思われる人々から、熱意に満ち

訳注11　Peter Singer, 'Animal Liberation,' *The New York Review of Books*, April 5, 1973.（翻訳——ピーター・シンガー「動物の生存権」大島保彦・佐藤和夫訳、加藤尚武・飯田亘之編『バイオエシックスの基礎——欧米の「生命倫理」論』、東海大学出版会、１９８８年、２０５–２２０頁。）本訳書に収録されている「動物の解放」はこの書評である。

た手紙を受け取るようになった。

それらの手紙のうち一通はニューヨークの大手出版社からのもので、その手紙には、「動物の解放」で素描した考えを展開して一冊の本にまとめたらどうかと記してあった。たしかに私の書評は米国での『動物と人間と道徳』の知名度を高めるのに役立ったものの——最終的に米国ではその本のペーパーバック版が出たが、これは英国では起きなかったことであった——、それとは異なる種類の本、すなわちさまざまな著者による論文集ではなく、体系的に書かれた本を出す余地があることは明らかだった。また、『アニマル・マシーン』も『動物と人間と道徳』も、使用していたデータのほとんどが英国のものだったため、米国で行われている工場畜産や動物実験の実態に関する調査も求められていた。このときすでに私は、まもなくオックスフォードを去ってニューヨーク大学で客員教員になることが決まっており、この職はそのような調査を行うための便利な足場になると思われた。そこで、私たちがオックスフォードで過ごした最後の夏に、私は『動物の解放』を書き始めたのだった。[訳注12]

オックスフォードのベジタリアンたちは、その頃にはもう散り散りになり始めていた。学生だったメンバーの大半は学位を取り終えていた。ジョン・ハリスはマンチェスターへ、デビッド・ウッドはウォリックへ引っ越し、リチャード・ケッシェンとメアリー・ケッシェンはカナダに帰り、スタン・ゴドロビッチとロズ・ゴドロビッチは離別し、スタンがカナダに帰った一方、ロズはオックスフォードに残った。私たちは友情や愛情の強い絆で結ばれていたが、その絆は部分的には、各人が倫理的な観点からベジタリアニズムを実践していることへの敬意に基づいていた。動物に関する思想以外にも、私たちは自然を楽しむ経験を共有しており、しばしばテムズ川のほとりやオックスフォードシャー州の田園地帯を一緒に散歩したものだった。スタンと共に歩きながら私は野鳥について若干の知識を身につけ、またスタンとリチャードの二人からはいくつかの野菜を自分で栽培する方法を学んだ。私たちは何度も食事を共にし、またレシピも共有した。というのは、ベジタリアンの料理人として、私たちはみなまだまだ多くのことを学ばねばならなかったからだ。

このグループがもたらした影響について語るのは時期尚早である。仮に私たちが作った何冊かの本が動物福祉運動の変革に役立ったのであれば、私たちの影響は重大だったとい

訳注12　Peter Singer, *Animal Liberation: A New Ethics for Our Treatment of Animals*, New York: HarperCollins, 1975.（翻訳——ピーター・シンガー『動物の解放』戸田清訳、技術と人間、１９８８年。）本訳書に収録されている「動物の解放——１９７５年版の序文」はこの著作の初版の序文である。

うことになる。しかし、動物福祉運動の再興のような幅広く多様な要素からなる出来事については、原因の特定が困難である。1960年代の終わりから1970年代初頭に高まりを見せた広範な環境保護運動は明らかにその出来事に大きな影響をもたらしており、また、オックスフォードとは関係のない多くの人々がこの再興のために長い間懸命に活動していた。しかしながら、1970年代初頭にオックスフォードにいた若きベジタリアンの集団がもたらした影響について歴史家がどんな判断を下すにせよ、私にはわかっていることがある。それは、私がオックスフォードにいた時期にケッシェン夫妻やゴドロビッチ夫妻がそこにいなければ、その時期以降に私が考えたり書いたりしてきたことのほぼ全てに――もちろん、料理したり食べたりしてきたもの全てにも――影響を与えた人生の一幕を、私は経験しなかっただろうということである。

ベジタリアンの哲学

肉食に関する諸問題が世間の耳目を集めたのは1997年のことで、英国の法制史において最も長く続いた裁判がそのきっかけとなった。「マクドナルド・コーポレーションおよびマクドナルド・レストランズ対スティールとモリス」裁判――通称「マック名誉毀損(McLibel)」訴訟――は五一五日間にわたって続き、証人の数は一八〇名に上った。マクドナルド社は、ロンドン・グリーンピース[訳注1]という組織に参加する二人の活動家、ヘレン・スティールとデビッド・モリスを訴えたことで、自社のファストフード製品の生産・包装・広告・販売方法、およびその製品の栄養価、その製品の生産による環境への影響、その食品の材料となる肉や卵の供給源である動物の扱い方について、裁判で説明しなければならなくなった。

この訴訟によって、現代の農業関連産業の手法を支持する証拠とその反対の証拠とを比較考量するまたとない機会が与えられた。名誉毀損訴訟の原因となった小冊子「マクドナルドの何が問題か」の各ページ上部には、マクドナルドのアーチ型のマークが横一列に描かれている。そのうちの二つのマークには、「マック殺害(McMurder)」および「マック拷問(McTorture)」という言葉が添えられていた。その下に続くあるセクションでは、「マクドナルドは拷問や殺害についてどんな責任があるのか?」という見出しがつけられていた。この問いに対するその小冊子の答えは次のようなものであった。

マクドナルドのメニューの基本は肉である。マクドナルドは世界中の五五ヶ国[訳注2]で、毎日何百万ものハンバーガーを販売している。これが意味するのは、マクドナルドの製品になるためだけに生まれて育った動物たちが、来る日も来る日も絶え間なく屠殺されているということだ。そうした動物たちの一部、とりわけ鶏や豚は、巨大な畜産工場内の完全に人為的な状況下で、外気や日光に触れることもできず、自由に動くこともできないまま一生を送ることになる。動物たちの死（屠殺）は血まみれで野蛮である。

マクドナルド社の主張によると、その小冊子が言わんとすることは、マクドナルド社は牛や鶏や豚に対する非人道的な拷問と殺害について責任があるということであり、これは名

訳注1　ロンドン・グリーンピースは、1970年代から三〇年ほど活動していた環境保護団体であるが、現在も活動している国際環境保護団体のグリーンピースとは別の組織である。

訳注2　当該の小冊子を確認したところ、「五五ヶ国」ではなく「三五ヶ国」となっていた。小冊子の文章は、次のURLから閲覧することができる。https://www.mcspotlight.org/case/factsheet.html

誉毀損に当たる。この主張を考慮する際、ベル裁判官は、英国で一般的に受容されている態度だと彼が見なすものを判断基準とすることにした。したがって、「マック拷問」という罵り言葉を正当化するには、動物がストレスを抱えていたり何らかの苦痛や不快を感じていたりすることをスティールとモリスが示すだけでは十分ではない、と彼は考えた。

ある動物を収容し、取り扱い、輸送するだけでも、その動物にストレスがかかる可能性があり、その動物を屠殺場へ運ぶ場合には、確実にストレスが生じるだろう。しかし、避けられないストレスや不快、さらには苦痛でさえ、それらが合理的な許容範囲内に留まっている限り、普通の合理的な人は、以上の扱いのいずれも残酷なものとは考えないだろう、と私は思う。そのような普通の人は畜産や屠殺の手法の詳細についてほとんど知らないであろうが、その人は〔詳細を聞いた場合に〕ある程度ならストレスや不快、さらには苦痛でさえ許容可能であり、残酷だと批判されるには当たらない、と考えるにちがいない。

だが、裁判の終わりまでにベル裁判官が見出したのは、一部の動物が被っているストレスや不快、苦痛はこの許容範囲を超えており、したがってこれはマクドナルド社が「罪に問われるべき責任を有する」ような「残酷な慣行」に当たる、ということであった。鶏や卵用種の雌鶏、個別のストールで飼育されている雌豚は、「身動きが厳しく制限された状態」によって苦しめられており、これは「残酷である」と彼は述べた。また、鶏肉生産には他にも多くの残酷な慣行があることを彼は知った。例えば、与える餌の量を制限することで種鶏を常に空腹な状態にしたり、屠殺場へ運ぶために一時間あたり六〇〇〇羽を輸送用のケースに詰め込む作業員によって鶏が傷害を被ったり、喉を切られる前に全ての鶏が気絶することを保証できないような気絶用の装置が使われていたり、といったことである。ベル裁判官は、従来の道徳基準に全面的に基づいて判断したとしても、こうした慣行は残酷であり、マクドナルド社にはそれらの慣行について罪に問われるべき責任があると判断した。

マクドナルドのことを「マック拷問」と表現したことは、その非難が実質的に妥当であった以上、名誉毀損ではなかったことになる。この判決から、集約畜産で生産される鶏肉、ストールで飼育される雌豚の子に由来する豚肉製品、バタリーケージで飼育される雌鶏が産む卵を買って食べることの道徳性について、どのような結論が導かれるだろうか。当然、それらの行為も間違っているにちがいない、ということになるのではないか。

この主張には反論がある。数年前、私はある学会の夕食会で、タイから来た仏教哲学者の向かいに座っていた。バイキング形式の豪勢な食事を各自で取って食べる際に、私は肉の入ったさまざまな料理を避けたが、そのタイ人哲学者はそうしていなかった。私が彼に、「あなたが選んだ食事と、仏教における第一の戒律、すなわち感覚をもつ生物を害さないように命じる教え〔不殺生〕はどうすれば両立させられるのですか?」と尋ねたところ、彼は次のように答えた。仏教の伝統で肉食が不当とされるのは、その動物がわざわざ自分のために殺されたと考える理由がある場合だけに限られる。しかし、彼が自分の皿によそった料理に入っていた肉は、わざわざ彼のために殺された動物のものではない。その動物は、たとえ彼が厳格なベジタリアンだったとしても、あるいはそもそもこの街に来ていなかったとしても、死んで料理の材料となっていただろう。それゆえ、彼はその肉を食べることでいかなる動物も害してはいない、とのことであった。

このような肉食擁護論は、私たちの生きている時代よりも、旅僧の托鉢用の椀に食べ物を入れるために農民一家がわざわざ動物を殺す可能性があった時代にふさわしい議論だということを、私はその夕食会の話し相手に納得させることができなかった。この擁護論の欠点は、私が今日食べる肉と将来行われる動物の屠殺との関連性を無視していることだ。たしかに、今日スーパーマーケットの冷凍コーナーに並んでいる鶏は、たとえ私が存在していなかったとしても死んでいただろう。しかし、私が冷凍コーナーから鶏肉を取り、すぐそばの棚にある豆腐を取らなかったならば、このことはそのスーパーマーケットが来週注文する鶏肉や豆腐の数に影響を与えるのであり、そうしてささやかではあるが今後の鶏肉業界や豆腐業界の成長または衰退に手を貸すことになる。まさにこれこそが需要と供給の法則である。

しかし、古代仏教の教えの修正版を擁護する人々は、なおも次のように論じたがるかもしれない。すなわち、売れた鶏の数が一羽減っただけでは、鶏肉生産者が知覚できるほどの違いは生じないため、鶏肉を購入することは何の問題もない、と。この種の状況において道徳的責任がどう分割されるかに関してはいくつかの興味深い問題が存在するものの、知覚できるほどの危害をもたらさない限り人が間違いを犯している可能性はない、とする議論は誤りである。オックスフォードの哲学者、ジョナサン・グラバーは、責任の分割可能性を認めようとしないこの議論の含意を、「私がそうしようとそうしまいと違いはない」と題された愉快な論考の中で探究している（*Proceedings of the Aristotelian Society*, 1975）[訳注3]。

グラバーは、ある村で一〇〇名の人々が昼食を取ろうとしている場面を想像する。各人の器には豆が一〇〇粒入っている。突然、飢えた一〇〇人の盗賊がその村を襲う。盗賊たちはそれぞれ、村人一名の器の中身を奪って食べ、馬で駆け去る。翌週、盗賊たちは再び同じことをしようとたくらむが、そのうちの一人が、貧者から食べ物を盗むことは間違っているのではないかと悩むようになる。この悩みは、もう一人の盗賊が次のように提案することで解消された。すなわち、盗賊たちがそれぞれ、村人一名の器の中身を全て食べてしまうのではなく、それぞれが村人全員の器から豆を一粒ずつ取っていく、という提案である。どの村人にとっても、豆が一粒減るだけでは知覚できるほどの違いは生じないのだから、どの盗賊も誰一人害していないことになる。盗賊たちはこの計画を実行に移し、各々が一〇〇の器から豆を一粒ずつ盗んでいった。村人たちは前の週と全く同程度に空腹になったが、盗賊たちはみな、自分たちは誰一人害していないのだと思いながら、満腹の状態でぐっすりと眠ることができた。

グラバーの事例が示しているのは、次のことを否定するのは不合理だということである。すなわち、仮に私たちの一人一人は知覚できるほどの違いをもたらしていないとしても、私たちが集団として引き起こしている危害については、一人一人が責任を分有しているということだ。マクドナルド社は鶏肉・鶏卵・豚肉業界の慣行に対して、いかなる消費者個人よりもはるかに大きな影響力をもっている。だが、誰もマクドナルドの店舗で食事をしなければ、マクドナルド社自体は全く影響力をもたないだろう。集団として見れば、動物性食品を消費している人はみな、その生産過程における残酷な慣行の存在について責任を負っているのだ。特別な事情がない限り、この責任の一端はそれぞれの購買者に帰されねばならない。

そこで、私たちは〔ベル裁判官が判断基準としたような〕動物に対する従来の道徳的態度から一切逸脱することなく、集約畜産で生産された鶏肉、バタリーケージで飼育された鶏の卵、そして一部の豚肉製品を食べるのは間違っているという結論に到達したことになる。もちろん、これはベジタリアニズムを支持する議論としてはまだまだ不十分である。ベル裁判官がマクドナルドの食品生産において「残酷な慣行」だと判断したのは、以上の領域のみであった。もっとも、マクドナルドの牛肉について、彼が「残酷でない（cruelty-free）」という判断をしたわけでもない。彼が牛肉に関する問題を考慮しなかったのは、マクドナルド社の責任のうち、牛肉・酪農業界の慣行に関するものと、鶏肉・鶏卵・豚肉業界の慣行

訳注3　Jonathan Glover and M. J. Scott-Taggart, 'It Makes no Difference Whether or Not I Do It,' *Proceedings of the Aristotelian Society*, vol. 49, pp. 171-209, 1975.

に関するものを、彼が区別したからである。マクドナルドの鶏肉・鶏卵・豚肉製品は比較的少数の巨大な畜産関連企業によって供給されており、それらの企業の慣行に対しては、マクドナルド社が大きな影響を及ぼすことはかなり容易である。他方、マクドナルドが必要とする牛肉・乳製品は非常に多くの生産者から入荷していた。そしてベル裁判官によれば、それらの生産者が用いる畜産方法に関しては「〔マクドナルド社が〕何らかの影響を及ぼそうとした際には、効果的な影響をもたらすだろうと推定できる証拠は全くなかった」。この見解についてどのように考えるにせよ――私には全然説得力がないように思われるが――裁判官は、この見解を受け入れることで、牛の飼育過程における残酷な慣行について提出された証拠は検討しないと判断したため、〔牛の飼育については残酷であるかそうでないかという〕いずれの結論も出されなかったのである。

とはいえ、その裁判の中で動物の苦しみ一般について何も語られなかったわけではない。マクドナルド社が証人として呼んだデビッド・ウォーカー氏は、マクドナルドの英国での大手供給会社の一つであるマッキー・フード・サービシズ社の最高経営責任者であった。反対尋問で、ヘレン・スティールはウォーカーに、「食肉産業が存在する結果として、動物の苦しみが生じることは不可避である」というのは事実か否かと尋ねた。ウォーカーの答えは、「その質問に対しては「事実である」と言わざるをえない」というものであった。

ウォーカーの自認は、食肉産業の倫理性に関する重大な問題を提起している。すなわち、動物を殺して肉にしたりその卵や乳を使ったりするために、どの程度の苦しみなら動物に与えることが正当と言えるのだろうか、という問題である。

ベジタリアニズム擁護論が最も強力になるのは、その主張が道徳的抗議と見なされる場合である。すなわち、人間が動物を単なる物として――最も安い費用で人間に役立つものに作り変えるためのあらゆる手段を使って、人間の便宜のために搾取される物として――利用していることに対する道徳的抗議である。何百億――米国だけで九〇億――もの家畜が毎年食用に屠殺されているが、生きている間に利害を尊重する扱いを受けていた家畜はそのうちのごくわずかにすぎない。〔動物を〕殺すこと自体の不当さに関する問いは、工場畜産で飼育された動物の肉や卵を食べるという、先進国でほとんどの人が行っていることの道徳性にとっては重要な問題ではない。オーストラリアの羊や牛のように動物が自由に広い範囲を歩き回れる場合でさえ、焼き鏝《ごて》で焼き印を押す、去勢する、角を切り取るといった作業が、動物がもつ苦しみを感じる能力に一切配慮することなく行われている。屠殺前の動物の扱いや輸送についても同じことが言える。これらの事実に照らせば、考えるべき問題は、肉を食べることが正当でありうる状況が存在するかどうかではなく、こうした計り知れない動物の苦しみを増やすことを避けるために、私たちには何ができるのかということである。

その答えは、大規模な商業的畜産方法によって生産されたあらゆる肉や卵をボイコットすることであり、それを他の人にも勧めることだ。このような対応は、動物の利害に配慮するだけでも十分に正当化されるが、食肉産業がもたらす環境問題を考慮することで〔ベジタリアニズムを支持する〕議論はさらに強化される。たしかにベル裁判官は、マクドナルド社が熱帯雨林の破壊に加担しているという申し立ては妥当ではないと判断したが、食肉業界全体がそれを聞いて安心できるかと言えばそうではない。というのは、ベル裁判官は、牛の放牧が、ブラジルに顕著なように、熱帯雨林の大規模な伐採の原因になっていることを示す証拠は受け入れたからだ。デビッド・モリスとヘレン・スティール側の問題は、マクドナルド用の肉がそうした地域から輸入されていることを裁判官に納得させられなかった点にあった。よって食肉業界全体は、熱帯雨林の減少とそれに起因する全ての結果――地球温暖化や、先住民たちが自分たちの生き方を守るために戦って死んでいったことなど――について、依然として罪に問われるべきだということになる。

環境保護論者たちは、私たちが何を食べるかについての選択が環境に関わる問題であることをますます認識するようになっている。畜舎や肥育場で飼育される動物は穀物や大豆を食べるが、動物はこれらの食べ物に含まれる栄養価の大部分を、単に生きるために必要な身体機能の維持や、骨や皮など人間が食べられない身体部位の成長のために使ってしまう。〔穀物を餌にして動物を育てることで〕8キロか9キロの植物性たんぱく質をたった1キロの動物性たんぱく質に変換することは、土地やエネルギーや水の無駄遣いである。人口増加によって過密化する地球においては、そのような贅沢はますます難しくなりつつある。

集約畜産には多くの化石燃料が使用されており、大気汚染と水質汚染の双方に関して主要な原因となっている。集約畜産によって大量のメタンガスやその他の温室効果ガスが大気中に放出される。私たちは、より多くのハンバーガーを食べるという目的のために、地球の気候に予測不可能な変化をもたらす危険を冒している。そのような気候変動の結果、環境の変化に適応できない何千種類もの動植物が絶滅の危機に瀕することは言うまでもなく、最終的には何十億もの人々の生命が危険に晒されることになる。集約畜産によって提供される動物性食品に大きく依存する食事は、動物、環境、そしてそれを食べる人々の健康のいずれにとっても災いなのである。

ここでレシピを一つ

このレシピはヴィーガン料理であり、とても簡単で栄養満点かつ美味である。また、世界中で毎日数億人が食べている料理でもある。

ダール〔豆カレー〕

- 油　大さじ2
- みじん切りにしたタマネギ　1個
- つぶしたニンニク　2片
- 乾燥赤レンズ豆　1カップ
- 水　3カップ
- ベイリーフ
- シナモンスティック　1本
- カレー粉（中辛）　小さじ1または適量
- 14オンス〔約400グラム〕のカットトマト缶　1缶

またはざく切りにした生トマト　同量
・（お好みで）ココナッツクリーム　2オンス〔約60グラム〕
またはココナッツミルク　1／2カップ
・（お好みで）レモン汁
・塩　適量

深型フライパンで油を熱し、タマネギとニンニクを透き通るまで炒める。レンズ豆を加えてさらに1、2分炒めてから、水、ベイリーフ、シナモンスティック、カレー粉を加える。よくかき混ぜて、沸騰後20分間煮込む。その間、水分が減ってきたらときどき水を加える。トマトを加えてさらに10分間煮込む。この時点で、レンズ豆は非常に柔らかくなっているはずだ。お好みで、ココナッツクリームまたはココナッツミルクやレモン汁を加え、また塩を適量加える。食卓に出す前にシナモンスティックとベイリーフを取っておく。

完成した料理はさらさらの状態になっているだろう（どろっとしすぎている場合は水を加えること）。普通はご飯の上にかけ、ライムピクルスやマンゴーチャツネを添える。他には、バナナの薄切りやパパド（パパダム）も付け合わせにぴったりである。

もしも魚が叫べたら

私が子どもの頃、父はよく私を散歩に連れ出して、しばしば川沿いや海のほとりを一緒に歩いたものだった。私たちが釣りをする人たちのそばを通り過ぎると、ときに釣り人たちは、針にかかってもがく魚を捕えるために釣り糸を巻き上げていた。男がバケツの中から小魚を取り出し、まだじたばたしているその小魚に針を突き刺して釣り餌にする姿を見かけたこともあった。

また別の日には、父と私が静かな小川沿いの道を歩いていたとき、私は男が座って釣り糸を見つめているのを目にした。一見したところ、彼は世界と調和した状態にあるようだったが、その隣では、彼がそれまでに釣った魚たちがなすすべもなく体をばたつかせ、呼吸ができずに喘いでいた。父は私にこう語った。魚を水の中から引っ張り出して、じわじわ死なせることに午後の時間を費やす人がいるが、どうしてそんなことを楽しめるのか自分には理解できない、と。

こうした子どもの頃の思い出がどっとよみがえってきたのは、『海ではもっとひどいことが起きている――漁獲される野生魚の福祉[訳注1]』という、fishcount.org.uk のサイトで先月〔2010年8月〕公表された画期的な報告書を読んだときであった。世界中のほとんどの地域で、動物を食用に殺す場合には苦しませることなく殺すべきだ、という見解が受け入れられている。屠殺に関する規制は一般に、動物を殺す前に一瞬で意識を失わせるか、一瞬で死をもたらすこと、あるいは儀式的な屠殺の場合は、宗教上の教えと両立する限りにおいて、できるだけ即座に死をもたらすことを要請している。

こうした規制は、魚に関しては存在しない。海で漁獲され殺される野生魚に関しても、また、たいていの地域では養殖魚に関しても、人道的な屠殺の要件は設けられていない。トロール船〔大きな網を引きながら移動することで大量の魚を捕獲する船〕の網にかかった魚はどさっと船上に放り出され、そのまま窒息死することになる。生きた魚を餌として針に突き刺すことも、商業漁業ではごく普通に行われている。例えば延縄《はえなわ》漁では、長さが50キロから100キロに及ぶこともある一本の縄に、何百、場合によっては何千もの針が取りつけられる。餌に食いついた魚たちは、縄が手繰り入れられるまで何時間もの間、針に刺さったままになる可能性が高い。

同様に、商業漁業では「刺し網」が頻繁に使用される。刺し網とは、魚を捕えるために目の細かい網を壁のように仕掛けたものを指す。魚はたいていはエラのところでこの網に

訳注1　Alison Mood, *Worse Things Happen at Sea: The Welfare of Wild-Caught Fish*, fishcount.org.uk, 2010, available at http://www.fishcount.org.uk/published/standard/fishcountfullrptSR.pdf.

引っかかり、窒息死することもある。エラが締めつけられて呼吸ができなくなるためである。窒息死しなくても、網が引き上げられるまで何時間もの間、網にかかったままの状態に置かれる可能性がある。

しかしながら、この報告書の中で明らかにされた最も衝撃的な事実は、人間がこのように死なせている魚の数の膨大さである。報告書の著者のアリソン・ムードは統計を利用して、漁獲量を魚の種類ごとの推定平均体重で割ることで、世界全体での野生魚の年間漁獲数の規模について、おそらく史上初であろう体系的な推計を行っている。彼女の計算では、漁獲数はおよそ一兆匹であるが、もしかすると二兆七〇〇〇億匹に達するかもしれないとのことだ。

この数字について、他のものと比較して考えてみよう。国連食糧農業機関（FAO）の推定によれば、毎年六〇〇億匹の動物が食用に屠殺されている。言いかえると、地球上の人間一人あたり約九匹の動物が殺されていることになる。ムードによる少ない方の推計、つまり「一兆匹」という数字を基に同様の計算をした場合、人間一人あたりの魚の数は一五〇匹である。この数には、違法に漁獲される数十億匹の魚は含まれておらず、また、意図せず漁獲され廃棄される不要な魚も、餌として針に突き刺される魚も含まれていない。

漁獲された魚の多くは、間接的に人間の口に入る。すなわち、すりつぶされて、畜産工場の鶏や養殖工場の魚の餌になるのだ。典型的なサケの養殖場では、養殖されるサケ1キロあたり、野生魚3キロから4キロが餌として加工されている。

さて、これら全ての漁業が持続可能だと仮定してみよう――もちろん、実際には持続不可能であるが。その場合、魚は苦痛を感じないのだからこれほど大規模に魚を殺したとしても何ら問題はない、と考えられたなら安心できることだろう。しかし、魚の神経系は鳥や哺乳類の神経系と十分に類似しているため、魚も苦痛を感じることが示唆される。他の動物であれば身体的苦痛の原因となることを魚が経験した場合、魚は苦痛を感じていることを示すような行動をし、またそうした行動の変化は数時間にわたって続くこともある。（魚が短時間しか記憶を保てないというのは作り話である。）魚は電気ショックのような、不快な経験を避けることを学習する。また、魚に鎮痛剤を投与すると、そうしない場合に現れるような苦痛の徴候は減少する。

ペンシルベニア州立大学の漁業生物学の教授、ビクトリア・ブレイスウェイトは、おそらくこの問題の調査に最も時間を費やしてきた科学者である。彼女の近著『魚は痛みを感じるか？』[訳注2]では、魚が苦痛を感じる能力をもっているだけでなく、たいていの人が考えているよりもずっと賢い生き物であることが示されている。昨年〔2009年〕、欧州連合（EU）の科学諮問委員会が下した結論は、魚が苦痛を感じることを示す証拠が優勢である、というものであった。訳注3

なぜ魚は、私たちの食卓で、忘れられた犠牲者となっているのだろうか。魚は冷血動物で、体が鱗で覆われているからだろうか。魚は苦痛を感じていることを声に出して言えないからだろうか。どのような説明がなされるにせよ、商業漁業が想像を絶する量の苦痛や苦しみをもたらしているという証拠が今や積み重なっている。私たちは、野生魚の人道的な捕らえ方や殺し方を学ぶ必要がある。あるいは、それが不可能ならば、魚を食べることに代わる、より残酷でなく持続可能性の高い選択肢を見つけなければならない。

訳注2　Victoria Braithwaite, *Do Fish Feel Pain?*, Oxford and New York: Oxford University Press, 2010.（翻訳——ヴィクトリア・ブレイスウェイト『魚は痛みを感じるか？』高橋洋訳、紀伊國屋書店、2012年。）

訳注3　Scientific Opinion of the Panel on Animal Health and Welfare on a request from European Commission on General approach to fish welfare and to the concept of sentience in fish. *The EFSA Journal* (2009) 954, 1-26, available at https://efsa.onlinelibrary.wiley.com/doi/epdf/10.2903/j.efsa.2009.954.

ヴィーガンになるべき理由

私たちは、動物に対する自らの行いを弁護できるだろうか。キリスト教徒やユダヤ教徒やイスラム教徒なら、動物に対する人間の支配を正当化するために聖典の言葉を引くかもしれない。いったん宗教的な世界観を抜け出してしまえば、私たちは「動物問題（the animal question）」について、動物は人間の利益となるように創造されたとか、人間が動物を利用することは神が認めているといった前提は一切抜きにして考える必要が出てくる。私たちが地球上で進化してきた種のうちの単なる一つに過ぎず、また他の種の中には、私たちと同様に苦しんだり逆に自分の生を楽しんだりしうる何十億もの人間以外の動物が含まれるのであれば、はたして私たちの利害は常に動物の利害よりも重要であるのだろうか。

私たちはさまざまな仕方で動物に影響を及ぼしているが、中でも今日最も正当化が必要なのは動物を食べるために飼育することである。この活動は、人間のあらゆる活動の中でも、群を抜いて多くの動物に影響を与えている。米国だけでも、食用に飼育され屠殺される動物の数は今や年間一〇〇億近くに達している。[*1] こうした飼育や屠殺の全てが、正確に言えば不必要である。先進国では、食べ物に関して幅広い選択肢があるため、肉食を必要とする者はいない。多くの研究によれば、肉を食べなくても私たちは肉食をした場合と同じぐらい健康に、あるいはそれ以上に健康に生きていくことができる。私たちはまた、ヴィーガン食だけでも、つまり〔卵や乳製品など肉以外のものも含めて〕動物性食品を全く摂取しなくても、健康に生きていける。（必須栄養素のうち、植物性食品から摂取できないのはビタミンB12だけであり、これはヴィーガン原料のサプリメントで簡単に補える。）

動物を食べることの主な倫理的問題は何かと人々に問うと、たいていの人は殺すことが問題だと言うだろう。それはもちろん問題の一つではあるが、少なくとも現代の工業型畜産に関して言えば、もっと直接的な批判が存在する。仮に、肉の味が好きだという理由で動物を殺すことには何の問題もないとしても、〔工場畜産で生産された肉を食べるならば〕やはり私たちは、動物に長い苦しみを与える農業の仕組みを支持していることになるのだ。

肉用鶏の飼育は、二万羽以上の鶏を収容できる畜舎で行われる。積み重なった糞のせいで空気中のアンモニア濃度が高くなっているために、鶏の目は痛み肺も傷つく。生後たった四五日で屠殺される鶏たちは、成長後も骨格が未成熟なため自分の体重を支えることが非常に困難になる。脚が折れて餌や水のあるところにたどりつけなくなり、そのまま死んでしまう鶏もいるが、一部の鶏が死んでも事業全体の経済性にとっては問題にならない。〔輸

＊1　驚いたことに、米国で屠殺された家畜の数は本稿が書かれた頃にピークに達し、その後は減少して九一億となっている。

送用のケージに入れるために〕鶏を捕まえ、輸送し、屠殺する一連の工程は、さまざまな経済的誘因によってスピードが最優先される暴力的なものであり、鶏の福祉は全く考慮されない。

卵用鶏が詰め込まれているワイヤーケージはあまりにも小さいため、たとえ一つのケージに一羽だけを入れたとしても雌鶏が羽を広げることはできなかっただろう。だが、通常は一つのケージに少なくとも四羽、しばしばそれよりも多くの雌鶏が入れられている。そのような過密状態では、ケージの中で弱い雌鶏は攻撃的な雌鶏からつつかれるが、逃げることもできない。このようにつつかれることで鶏が死ぬのを防ぐために、養鶏業者は高温の刃で全ての鶏のくちばしを切り取る。もともと鶏のくちばしは自分が置かれた環境を知るための主要な道具であるため、雌鶏のくちばしには神経組織が行き渡っているのだが、〔切断による〕苦痛を和らげるために麻酔や鎮痛剤が使用されることはない。

私たちが普段食べている動物の中でも、豚は最も知的で繊細な生き物かもしれない。今日の畜産工場において、妊娠した雌豚は、体の向きを変えることができず、さらには一歩分しか前後に動くことができないほど狭いストールの中で飼われている。寝るときはむき出しのコンクリートの上で横になり、わらやその他の種類の寝床が与えられることはない。これでは出産直前に巣作りを行う本能を満たすこともできない。雌豚が再度妊娠できる状態になるように、子豚は可能な限り早く母親から引き離されるのだが、子豚の方もまた、屠殺場へ連れていかれるときまで、屋内のむき出しのコンクリートの上で飼育されることになる。

肉牛がその一生の最後の半年を過ごす肥育場では、牛たちは覆いも何もない地面の上で暮らし、消化に悪い穀物を食べ、筋肉を増やすためのステロイドと、病死しないようにするための抗生物質を投与される。照りつける夏の日差しから逃れるための物陰もなく、冬の猛吹雪から身を守るための場所もない。

だが、牛乳や他の乳製品は何が問題なのか、と読者は疑問に思うかもしれない。乳牛は野原で草をはんで、よい生を送っているのではないか。しかも、乳牛を殺さなくても牛乳は手に入れることができるではないか、と。しかし、今日ではほとんどの乳牛が屋内で飼育されており、牧草地に行くことはできない。人間の女性と同様、雌牛は出産直後の時期でなければ乳が出ないため、乳牛の雌牛は毎年妊娠させられる。仔牛は生後たったの数時間で母親から引き離されるが、これは人間用に生産される牛乳を飲んでしまうことがないようにするためである。仔牛が雄の場合は、すぐに殺されるか、あるいは仔牛肉用か、ときにはハンバーガーの牛肉用に飼育されることになる。雌牛と仔牛の絆は強く、雌牛は仔牛が連れ去られてから数日間、仔牛を探し求めて鳴き続けることがしばしばある。

★

人間による動物の扱い方が倫理的かという問題に加えて、今日では、ヴィーガン食を支持する強力な新しい議論が存在する。1971年にフランシス・ムア・ラッペが『小さな惑星の緑の食卓』[訳注2]を出版して以来、現代の工業型畜産がきわめて不経済なものであることを私たちは知るようになった。養豚場では、生産される豚肉（骨を除く）1ポンドあたり、6ポンドの穀物が〔餌として〕使用されている。肥育場の肉牛の場合は、その比率は1対13になる。鶏肉は工場畜産で生産される肉の中では無駄が最も少ないが、それでも比率は1対3である。

ラッペは、食糧の無駄遣いと、それによって生じる耕作地への余計な負担を問題視した。というのも、私たちは穀物や大豆を直接自分で食べるなら、肉食の場合よりもずっと少ない土地を利用して全く同じぐらい健康な食生活を送ることができるからである。今や地球温暖化によって、この問題は先鋭化している。たいていのアメリカ人は次のように考えている。自分が個人としてもたらしている地球温暖化への影響を減らすための最善の行為は、自家用車をトヨタ・プリウスのような燃費のよいハイブリッド車に乗り換えることであろう、と。シカゴ大学のギドン・エシェルとパメラ・マーティンという研究者たちの計算によれば、これはたしかに運転手一人につき約1トンの二酸化炭素の排出量を削減するが、米国における典型的な食生活からヴィーガン食に切り替えることで、一人につき二酸化炭素換算で1・5トン近くの排出量を減らすことができる。したがって、動物性食品を食べる人々に比べて、ヴィーガンの人々は地球の気候に与える損害が著しく小さいのである。[*3]

★

動物性食品を倫理的に食べる方法はあるだろうか。肉や卵や乳製品を入手する際に、より残酷でない扱いを受け、穀物や大豆ではなく牧草を食べて育った動物から得られたもの

訳注2　Frances Moore Lappé, *Diet for a Small Planet*, New York: Ballantine Books, 1971.（翻訳――フランシス・ムア・ラッペ『小さな惑星の緑の食卓――現代人のライフ・スタイルをかえる新食物読本』奥沢喜久栄訳、講談社、１９８２年。）

＊3　Gidon Eshel and Pamela Martin, 'Diet, Energy and Global Warming', *Earth Interactions*, 10-009 (2006).

を選ぶことは可能である。このように育てられた動物からしか動物性食品を食べないようにすれば、温室効果ガスの排出源をいくつか減らすことにもなる――もっとも、牧草地で飼育される牛も、地球温暖化にひときわ大きな影響を与える気体であるメタンを、かなり大量に放出するのだが。そこで、仮に、よい生を送ってきた動物の場合には、その動物を殺すことに対する深刻な倫理的批判がないとすれば、自分が食べる動物性食品を慎重に選ぶことで、倫理的に弁護可能な食生活を送ることができるだろう。とはいえ、その際には注意深さが必要になる。例えば「オーガニック」という表示は動物の福祉についてはほとんど何も説明していないし、雌鶏はケージで飼育されていない場合でも、依然として大きな畜舎の中で過密状態に置かれている可能性がある。ヴィーガンになることは、他の人々が同じことをする際にわかりやすい模範となる、よりシンプルな選択肢なのである。

培養肉は地球を救えるか？

〔2018年〕9月、カリフォルニア州知事のジェリー・ブラウンは、2045年までに州内の電力を全てクリーンエネルギー由来にすることを義務づける法案に署名した。太陽光発電や風力発電の技術革新、および蓄電池貯蔵コストの低下が大きな原動力となり、カリフォルニア州議会の議員たちにこの目標が現実的であると確信させたのだった。ジェームズ・ロボはフォーチュン200〔『フォーチュン』誌が年一回作成する、総収入に基づく米国企業のランキングの上位二〇〇社〕にランクインしているネクステラ・エナジー社の最高経営責任者（CEO）であるが、彼の予測によれば、2020年代初頭には、太陽光発電所や大型風力タービン（発電機）から供給される電力が、その貯蔵にかかる費用を含めた場合でさえ、石炭火力発電所の操業費よりも安価になる見込みである。

こうした技術があれば壊滅的な気候変動から救われると、私たちは高を括っていられるだろうか。安心するのはまだ早い。たとえ世界が完全にクリーンエネルギーによる電力供給に移行し、さらに、そのクリーンな電力によって完全電気式の自動車やバスやトラックが充電されるようになったとしても、温室効果ガスの主要な排出源であるもう一つの産業は引き続き成長するだろう。食肉産業である。

現在、世界の温室効果ガス排出量の約15パーセントは畜産業に由来するものであり、これは大ざっぱに言えば、世界中の自動車の排気管から出ている量に等しい。しかも、自動車に由来する排出量はハイブリッド車や電気自動車が急増するにつれ減少していくものと期待されるのに対して、２０５０年の世界の食肉消費量は、ここ数年の消費量よりも76パーセント増加することが予想されている。その増加の大半はアジア、とりわけ中国での消費によるものであり、この地域では経済成長に伴って食肉需要が高まっている。

　ロンドンに本部を置く王立国際問題研究所（ＲＩＩＡ）が作成した報告書『変動する気候、変化する食生活』[訳注1]では、食肉生産がもたらす脅威について記されている。２０１０年にカンクンで開催された国連気候変動会議では、参加国は次のことに合意した。すなわち、地球の気温上昇を産業化前と比べて2℃未満に抑えなければ、大惨事が生じるリスクが許容不可能なぐらい高くなるということである。この限度を超えると、悪循環が始まり、温暖化はより一層進むことになる。例えば、シベリアの永久凍土が溶けることで大量のメタンが放出され、さらに温暖化が進むことで、さらに多くのメタンが放出されるだろう。メ

訳注1　Laura Wellesley, Catherine Happer and Antony Froggatt, *Changing Climate, Changing Diets: Pathways to Lower Meat Consumption*, Chatham House Report, 2015, available at https://www.chathamhouse.org/2015/11/changing-climate-changing-diets-pathways-lower-meat-consumption.

タンは同じトン数で比較した場合、二酸化炭素の三〇倍も強力な温室効果ガスである。

今日から今世紀半ばまでの間に、地球温暖化が2℃を超えない範囲内で大気中に放出可能な温室効果ガスの量——通称「カーボンバジェット（炭素予算）」——は、着々と減りつつある。にもかかわらず、食肉需要の高まりによって、畜産業に由来する排出量は増え続け、この残りのカーボンバジェットの中でますます多くの割合を占めるようになるだろう。すると、『変動する気候、変化する食生活』によれば、気温上昇を2℃未満に抑えることは「きわめて困難」になる。

同じ栄養価の植物を食べる場合に比べ、肉食がより多くの温室効果ガスを生み出すのは、一つには、穀物や大豆を育ててそれを動物の餌にするために、化石燃料が使われるからである。動物は植物性の食べ物に含まれるエネルギーの大半を自分のために、つまり運動や呼吸や体温維持のために消費する。そのため、私たちが食べて得られる分は〔家畜が植物性の食べ物から得た全エネルギーのうちの〕ほんのわずかであり、したがって〔肉食をする場合は〕私たち自身が植物性食品を食べた場合に必要となる量の数倍の穀物や大豆を育てなければならなくなる。もう一つの重大な要因は、主に牛や羊のような反芻動物が、消化活動の一環として排出するメタンである。驚くべきことに、この理由により、牧草飼育牛の肉は肥育場で太らされる牛の肉よりも、私たちの気候に一層悪い影響をもたらすことになる。牧草で育てられる牛は、トウモロコシや大豆で育てられる牛よりも体重の増加が緩やかなため、生産される牛肉1キロあたりの、げっぷやおならに由来するメタンの量がより多くなるのだ。

もし技術の力によってクリーンエネルギーが利用可能になるのであれば、同様に技術の力によってクリーンミートも利用可能になるのだろうか。「クリーンミート」は、肉の細胞培養を支持する人たちがすでに使用している言葉である。支持者たちがその言葉を用いるのは、クリーンエネルギーとの類似性を強調するためではなく、生きている動物は大便をするためその肉は汚いという点を強調するためだ。動物の消化管や大便に由来する細菌は、しばしば肉の汚染源となる。バイオリアクター（生物反応装置）〔生体触媒を用いて発酵などの化学反応を起こす装置〕の中で育った細胞から肉を培養すれば、生きた動物も、大便も、消化器官から発生して肉に混ざり込む細菌も一切介在しないことになる。メタンが排出されることもない。生きた動物が体温を維持したり、動き回ったり、人間が食べられない部位を発達させたりすることもない。したがって、この方法で肉を生産することは、動物から肉を生産するよりもはるかに効率的であり、はるかに――環境保護的な意味で――クリーンだと言えるだろう。

今や、クリーンミートを市場で販売することを目指して多くのスタートアップ企業が活動している。「インポッシブルバーガー」や「ビヨンドバーガー」など、植物性原料で肉の食感や味を再現した食品であれば、すでに飲食店やスーパーマーケットで入手可能である。一方、クリーンな〔培養された〕ハンバーガー用の肉、魚、乳製品やその他の動物性食品もみな、生きた動物を飼育したり屠殺したりすることなく、生産されつつある。価格的にまだ〔従来の〕動物性食品と競い合えるほど安くはないが、とはいえ急速に下がりつつある。ちょうど今週〔2018年10月23－24日〕、米国食品医薬品局（ＦＤＡ）と米国農務省の高官たちが会談を行い、この手法で作られる肉に関して予期される生産・販売方法にどのような規制をかけるかを話し合ったところである。

コダック社は、かつて写真用フィルムの販売・現像事業で圧倒的優位を占めていた会社だったが、デジタルカメラの登場を好機ではなく脅威として扱うと決めた時点で、自らの首を絞めることになった。世界の二大食肉生産会社であるタイソン・フーズ社とカーギル社は、同じ誤ちを犯すまいとしている。いずれの会社も、動物の飼育を伴わない肉の生産を目指す企業に投資しているのだ。タイソン社の代表取締役副社長であるジャスティン・ウィットモアは次のように述べている。「我々は破壊的イノベーションの犠牲になることを望まない。我々が望むのは破壊的イノベーションの一翼を担うことだ」。

　これは、数百億の動物を飼育し屠殺することで大儲けしてきた会社にしては挑戦的な態度と言えるが、同時にこの発言は、新しい技術によって人々の欲する製品が生み出されると誰もそれに抗えない、という事実を認めるものでもある。〔ヴァージン・グループの創設者である〕リチャード・ブランソンは、バイオテクノロジー企業のメンフィス・ミーツ社に投資を行っている。彼によれば、三〇年後に私たちは今の時代を振り返って、自分たちが食用に動物を大量殺害していたことにショックを受けるはずだという。もしこれが現実になるならば、私たちは技術の力によって、人類の歴史の中で倫理的に最も偉大な一歩を踏み出し、結果として地球を救うとともに、工業型畜産が今日動物に与えている膨大な量の苦しみを根絶したことになるだろう。

COVID-19に関する二つの闇

パオラ・カバリエリ[訳注1]との共著

まるでこの世の終わりのような中国武漢市のロックダウンの映像を、あらゆる人々が目にすることになった。世界中の人々が固唾を呑んで新型コロナウイルス感染症（COVID－19）の拡大を見守っており、各国政府は社会全体の利益のために個人の権利や自由をやむなく犠牲にするような強権的措置を実施または準備している。

感染症の発生に関して、中国が当初透明性を欠いていた点に怒りの矛先を向ける人もいる。哲学者のスラヴォイ・ジジェクは、一日の死亡者数が数千人に上るようなもっと有害な感染症が数多くあるにもかかわらず人々がCOVID－19に執着するのは「人種差別的パラノイア」のせいだと語っている。陰謀論を信じやすい人々は、このウイルスは中国経済をターゲットにした生物兵器だと考えている。ほとんど誰も語ることがなく、ましてや正面から向き合うことがないのは、この感染症の根本原因の問題である。

2003年に起こったSARS（重症急性呼吸器症候群）の流行も、現在流行中の〔新型コロナウイルス〕感染症も、原因を調べていけば中国の「ウェットマーケット」に突き当たる。それは、生きている動物が売買され、買い手が付くとその場で屠殺される露天市場のことである。2019年12月下旬まで、新型コロナウイルス感染者はみな、武漢市の華南海鮮卸売市場と何らかのつながりを有していた。

中国のウェットマーケットでは、仔オオカミ、蛇、亀、モルモット、ラット、カワウソ、アナグマ、ジャコウネコといった、多くのさまざまな動物が食用に販売され屠殺される。似たような市場は、日本やベトナム、フィリピンなど多くのアジア諸国で見られる。

地球上の熱帯および亜熱帯の地域では、ウェットマーケットで哺乳類、家禽、魚、爬虫類などの動物が生きたまま売られており、これらの動物は同じ場所にぎゅうぎゅう詰めにされて、息や血や排泄物が混ざり合うことになる。米国公共ラジオ放送（ＮＰＲ）の記者のジェイソン・ボービエンが最近報道した内容は次のとおりである。「生きた魚が蓋のない水槽で跳ねると、床一面に水が飛び散る。露店のカウンターは血で赤く染まっているが、これは買い手のまさに目の前で魚の内臓が抜き取られ、切り身にされるからだ。生きた亀や甲殻類が箱の中で互いの体をよじ登ろうとする。氷が溶けて床はさらにびしょびしょになる。辺りには大量の水や血、魚の鱗や鶏の内臓が飛び散っている」。まさにウェット《濡れた》マーケット《市場》である。

訳注1　イタリアの哲学者。１９８８年から１９９８年にかけて刊行された国際誌『倫理と動物』の編集を務めた。シンガーとともに、大型類人猿の権利を主張する次の著作を編集したことでも知られている。Paola Cavalieri and Peter Singer, eds., *The Great Ape Project: Equality Beyond Humanity*, London: Fourth Estate, 1994.（翻訳――パオラ・カヴァリエリとピーター・シンガー編『大型類人猿の権利宣言』山内友三郎・西田利貞監訳、昭和堂、２００１年。）

科学者たちの言うところでは、さまざまな動物を互いに、また人間と距離の近いところに長時間置くことで不衛生な環境が形成され、それがおそらくCOVID－19の人間への感染を可能にした変異を生み出したと考えられる。より正確に言えば、そうした環境で、一部の動物の間に長く存在していたコロナウイルスが、ある動物の宿主から別の動物の宿主へと感染するにつれて急速に変異を繰り返し、最終的には人間の細胞の受容体と結合する能力を獲得することで、人間の宿主に適応したのだ。

こうした証拠の存在に促され、中国は〔2020年〕1月26日に、野生動物の取引を一時的に禁止した。感染症流行対策としてこのような措置が導入されたのは今回が初めてではない。SARSの発生後、中国はジャコウネコやその他の野生動物の繁殖や輸送、販売を禁止したが、半年後に規制は解除された。

現在、「野生生物市場」の恒久的な閉鎖を求める声が多くなっている。「中国生物多様性保護・緑色発展基金会」の事務総長の周晋峰は、「野生生物の違法取引」を無期限で禁止すべきだと主張しており、全国人民代表大会〔中国の立法府〕で保護種〔法律によって保護が要求されている動物〕の売買を非合法化する法案が審議されていると述べている。しかしながら、保護種に焦点を当てることは、ウェットマーケットの動物たちがそこで生きて死ぬことを強いられている恐しい環境から世間の注目をそらすための策略である。世界にとって本当に必要なのは、ウェットマーケットの恒久的禁止なのである。

動物にとって、ウェットマーケットはこの世の地獄である。感覚をもち心臓が脈打つ何千もの生き物が、残忍な仕方で屠殺されるまでの間、何時間も続く苦しみや苦悩に耐えている。そして、こうした苦しみは、あらゆる国の畜産工場や実験室や娯楽産業などで、人間が動物に対して組織的に与えている苦しみのほんの一部である。

私たちは、自分たちの行いについて立ち止まって考えるとき――たいていの場合、そのように立ち止まって考えることさえないのだが――、人類は他の種よりも優れているという考え方に訴えることで自らの行いを正当化しがちだ。この論法は、かつて白人が、白色人種は有色人種よりも優れているという考え方に訴えることで「劣等な」人間に対する自らの支配を正当化していたのと、ほとんど同じである。だが現在のように、人間の重大な利益になることが人間以外の動物の利益になることと明確に一致している状況においては、人間が動物に与えている〔莫大な〕苦しみのうちのこの小さな一部分が、人間以外の種の成員に対する私たちの態度を変える好機を与えてくれるのだ。

ウェットマーケットの禁止という目標を達成するには、特定の文化的嗜好や、ウェットマーケットで生計を立てている人々に経済的困難が生じるという事実に起因する反対運動を克服しなければならないだろう。しかし、仮に人間以外の動物が受けるにふさわしい道徳的配慮の問題を棚に上げたとしても、こうした地域的な懸念より、地球規模の感染症の流行（や、ことによるとパンデミック）が一層頻繁に発生することでもたらされる悲惨な結果の方が決定的に深刻である。

香港を拠点に活動している自然保護と環境が専門のマーティン・ウィリアムズというライターが、次のように的確に述べている。「そのようなマーケットが存在する限り、他にも新たな病気が出現する可能性は残ることになる。明らかに、中国がこうしたマーケットを閉鎖すべきときが来たのである。そうすれば一挙に、動物の権利や自然保護の領域での進歩が遂げられるとともに、「中国製」の病気が世界中の人々を害するリスクを減らすことにもなる」。

しかし、私たちはさらに進んで主張したい。歴史を振り返れば、悲劇によって重要な変化がもたらされた場合もあった。生きた動物が売買され屠殺される市場は、中国だけでなく、世界中で禁止されるべきなのだ。

訳者解説

本書は以下の著作の全訳である。

Peter Singer, *Why Vegan?: Eating Ethically*, New York: Liveright Publishing Corporation, 2020.

原著は一〇〇頁に満たない薄い本で、著者のシンガーがこれまでに発表した著作の一部や論文、エッセイなどを再録したものである。新たに書かれた序文（「はじめに」）のほか、九編の短い文章が掲載されており、そのうちの二つは共著となっている。

本書は、そのタイトルにある通り、我々がなぜヴィーガンになるべきかを論じたものである。ヴィーガン（vegan）とは肉や卵、牛乳、チーズやバター、魚介類などの動物由来の食べ物を一切食べない食生活をする人のことだ。それに対して、ベジタリアン（vegetarian）は、肉は食べないが卵や牛乳などの乳製品は食べる人なども含む広い呼び方である。ペスカタリアン（pescatarian）ないしペスコベジタリアン（pesco-vegetarian）は、魚介類も食べるベジタリアンを指すが、これをベジタリアンとは認めない考え方もある。また、近年は「プラントベース食（plant-based diet）」という言葉もよく耳にするようになったが、この語は野菜や果物や穀物など植物由来の食べ物中心の食生活を指しており、必ずしもヴィーガンと同義ではない。

興味深いのは、シンガーが自分のことを「フレキシブルなヴィーガン」（13頁）と呼んでいることだ。なぜなら、彼はときどき牡蠣やほたて貝などの二枚貝を食べたり、放し飼いの鶏の卵を食べたりすることもあるからである。このように基本的に植物由来の食事をしていても、ときに動物由来の食事をする立場を「フレキシタリアン（flexitarian）」と呼ぶことがある。シンガーが二枚貝や放し飼いの鶏の卵を食べてもよいと考える理由はその箇所を読んでもらうとして、彼が「私はほとんどヴィーガンであるが、ヴィーガニズムを宗教のように扱っているわけではない。（中略）ヴィーガンとしての食生活からのちょっとした逸脱は、大した問題ではない」（13頁）と述べているのは印象的である。

さて、「はじめに」でシンガーは、人々がヴィーガンになるべき理由を三つ挙げている。それらは、動物への配慮、気候変動の問題、自分の健康への配慮である（7－8頁）。シンガーは、本書に収録されたいくつかの文章の中で、我々の現在の肉食中心の食生活を維持するために、いかに多くの動物が苦痛に満ちた生を送らされているかについて述べている。最も詳しく記されているのは、「これが鶏の倫理的な扱い方だろうか？」であろう。この中では、屠殺に関わる人々も相当なストレスを抱えて働いていることが示唆されている。また、「ベジタリアンの哲学」では、1990年代末に英国で起きた「マック名誉毀損訴訟」を通じて、畜産動物に対する残酷な扱いの実態が明らかになった経緯が記されている。

読者の中には、人間に苦痛を与えたり、殺したりするのは問題だけれども、動物に対してそうすることは特に問題がないと考える人もいるかもしれない。シンガーは、そのような態度を、人種差別（racism）になぞらえ、「種差別（speciesism）」と呼んで批判している。すなわち、動物であれば、人間のためにどれだけ苦痛を与えても、あるいは生体実験を行っても、道徳的に問題がないという発想は、白人が黒人を奴隷として扱ってきたのと同じような差別的発想だというのだ。より詳しくは、本書に収録されている「動物の解放」（1973年の書評論文、および1975年の同名の著作の序文）と、「オックスフォードのベジタリアンたち」という回想録を読んでほしい。

このように述べると、読者の中には、肉食は人間が生きるために必要だから、動物を殺すことは必要悪なのだと思う人もいるだろう。しかし、「肉を食べないと人間は生きていけない」というのは根拠のない神話であり、近年のプラントベース食の流行が示しているように、むしろ肉食をやめた方が健康になるという考え方が広まりつつある。また、我々の肉食中心の生活を支えるための大規模な畜産が地球環境に与える影響も問題になっており、端的に言って現在の生活スタイルは持続可能ではない。こうした気候変動の問題、および自分の健康への配慮については、本書の「ヴィーガンになるべき理由」の中でわかりやすく論じられている。

とはいえ、シンガーが最も強調しているのは動物の苦しみの問題である。今日、動物の福祉に関する研究（animal welfare science）が進展しており、どのような種類の動物であれば人間と同じように苦痛を感じるのかについても検討がなされている。「もしも魚が叫べたら」で、シンガーは魚の苦痛に無関心な釣り人の様子を描いたうえで、魚が苦痛を感じるという近年の研究を踏まえると、我々は魚に対する態度も変えなくてはならないと主張している。漁業が盛んで魚介類の消費量が多い日本においても重要な話題であろう。

また、最近の展開として、細胞培養を通じて肉を生産するという培養肉の開発が進んでいる。シンガーは、「培養肉は地球を救えるか？」で、このような「クリーンミート」は、クリーンエネルギーと同様、環境保護の観点からも、動物の福祉の観点からも歓迎されるべきものだと論じている。そして、最後の「COVID－19に関する二つの闇」では、新型コロナウイルス感染症（COVID－19）が最初に始まったと考えられる武漢の海鮮卸売市場の話を引き合いに出し、その場で動物を屠殺するウェットマーケットは動物にとって残酷であり、また人獣共通感染症の拡大予防のためにも廃止すべきだと論じている。

ここで、著者のピーター・シンガーについて簡単に説明しよう。彼は1946年生まれのオーストラリア出身の哲学者であり、現在は米国のプリンストン大学に所属している。メルボルン大学で学んだあと、「オックスフォードのベジタリアンたち」にあるように、1960年代の終わりに英国のオックスフォード大学に留学した（84頁）。このときに、種差別の思想に触れ、肉食や動物実験の廃止を求めて『動物の解放』を1975年に上梓した。

功利主義者であるシンガーにとっては、行為が存在者に快楽をより多くもたらすか、それとも苦痛をより多くもたらすかが道徳判断の基準になる。この「存在者」には人間だけでなく、動物も入るというのが彼の立場だ。米国の哲学者のトム・レーガン（1938年－2017年）のように、「動物の権利」について論じる立場もある。だが、「はじめに」

で述べられているように、シンガーは権利という概念は「動物は権利をもつか」という余計な議論を持ち込むことになるため用いず、あくまで不必要な苦しみの削減を問題にしている（8頁）。

シンガーは本書で論じられている動物解放論でよく知られているが、この他にも、「我々には、遠い海外で暮らす飢えに苦しむ人々を援助する義務があるか」という問題について論じた飢餓救済論でも有名であり、今日話題になっている「効果的利他主義」の産みの親の一人でもある。２００５年の『タイム』誌では、世界で最も影響力のある一〇〇名の一人に数えられている。彼の著作の多くは翻訳されているので、ぜひ手に取って読んでもらいたい。

ところで、日本では、欧米に比べるとヴィーガンの認知度は低いと思われるが、主に健康志向の高まりを受け、プラントベース食は一定の支持を受けている。訳者らの所属する京都大学でも、大学生協にはヴィーガン用の食品がいくらか置かれるようになっている。また、アニマルライツセンター(arcj.org)のように、動物の苦しみや環境問題についての考慮から、本書で問題になっているような工場畜産を廃止しようと活動している団体も徐々に脚光を浴びるようになってきた。巻末の文献案内からも見てとれるように動物倫理やヴィーガニズムについての著作も次々と出版されるようになっており、今後、ますます議論が盛んになると思われる。

本書を読んで、普段から肉を食べている読者は、居心地の悪さを感じたかもしれない。「そんなことを言われても急には肉食をやめられない」、「ベジタリアンになったら家族や友人から変な人と思われる」、「だってお肉はおいしい」。こうした反応は、ヴィーガニズム（ベジタリアニズム）の考えに最初に触れたときに出てくる自然なものである。「オックスフォードのベジタリアンたち」にあるように、シンガー自身も、肉食に反対する議論を知ってすぐに肉食をやめたわけではなかった。また、シンガーでさえも、自分を「フレキシブルなヴィーガン」と呼んで、必ずしもヴィーガンの食生活を徹底していないというのは、少しほっとさせられるところがある。肉食を急にやめなくても、たとえば元ビートルズのポール・マッカートニーが提唱しているように、月曜日だけは肉食をやめるという「ミートフリーマンデー」を実践することもできる。日本では和食における鰹だしのように、抜くことが難しい動物性の食材もある。「肉食かヴィーガンか」という極端な考え方ではなく、できる範囲で肉食を減らすという発想も大事だろう。

「私は何を食べるべきか」という問いは、普段はあまり深く考えないかもしれないが、自分の健康にとって、地球環境にとって、そして動物にとって、どのような食生活を送ることが望ましいのか、本書をきっかけに考えてもらえれば幸いである。

最後に、本訳書の成立について記しておく。本書の翻訳は、編集者の吉川浩満氏の誘いを受けて始めることになった。翻訳はまず、林が一章ずつ翻訳したものに、児玉が修正案を出し、そのうえで訳者二人で相談するという進め方で訳を確定させていった。また、『動物の解放』など、すでに翻訳があるものについては適宜参照し、その旨、訳注にも記しておいた。原著の紙の版（ハードカバー）と電子版の文章に異同のあるところは、原則として紙のものを採用した。校正については編集者の今岡雅依子氏、石川義正氏の協力も得た。記して謝意を表する次第である。

２０２３年５月15日

訳者を代表して

児玉　聡

もっと知りたい方への文献案内

シンガーの著作(一部)

『実践の倫理 新版』山内友三郎・塚崎智監訳、昭和堂、1999年
『動物の解放 改訂版』戸田清訳、人文書院、2011年
『あなたが救える命——世界の貧困を終わらせるために今すぐできること』児玉聡・石川涼子訳、勁草書房、2014年
『飢えと豊かさと道徳』児玉聡監訳、勁草書房、2018年

その他の二次文献

トム・レーガン『動物の権利・人間の不正——道徳哲学入門』井上太一訳、緑風出版、2022年
浅野幸治『ベジタリアン哲学者の動物倫理入門』ナカニシヤ出版、2021年
伊勢田哲治『動物からの倫理学入門』名古屋大学出版会、2008年

伊勢田哲治・なつたか『マンガで学ぶ動物倫理——わたしたちは動物とどうつきあえばよいのか』化学同人、2015年
枝廣淳子『アニマルウェルフェアとは何か——倫理的消費と食の安全』岩波ブックレット、2018年
児玉聡『功利主義入門——はじめての倫理学』ちくま新書、2012年
児玉聡『実践の倫理学——現代の問題を考えるために』勁草書房、2020年
田上孝一『はじめての動物倫理学』集英社新書、2021年
森映子『ヴィーガン探訪——肉も魚もハチミツも食べない生き方』角川新書、2023年
『HUG』創刊号、特集=動物の権利とヴィーガニズム、一般社団法人日本ヴィーガニズム協会、2023年

ピーター・シンガー(Peter Singer)
1946年生まれ。オーストラリア出身の哲学者。プリンストン大学教授。専門は応用倫理学。動物解放論、飢餓救済論の理論的指導者の一人。著書に『飢えと豊かさと道徳』(児玉聡監訳、勁草書房、2018年)、『あなたが救える命——世界の貧困を終わらせるために今すぐできること』(児玉聡・石川涼子訳、勁草書房、2014年)、『動物の解放 改訂版』(戸田清訳、人文書院、2011年)、『実践の倫理 新版』(山内友三郎・塚崎智監訳、昭和堂、1999年)など。『ザ・ニューヨーカー』誌によって「最も影響力のある現代の哲学者」と呼ばれ、『タイム』誌では「世界の最も影響力のある100人」の一人に選ばれた。

児玉聡(こだま・さとし)
1974年大阪府生まれ。京都大学大学院文学研究科博士課程研究指導認定退学。博士(文学)。東京大学大学院医学系研究科専任講師などを経て京都大学大学院文学研究科教授。著書に『オックスフォード哲学者奇行』(明石書店、2022年)、『COVID-19の倫理学』(ナカニシヤ出版、2022年)、『実践・倫理学』(勁草書房、2020年)、『マンガで学ぶ生命倫理』(化学同人、2013年)、『功利主義入門』(筑摩書房、2012年)、『功利と直観』(勁草書房、2010年、日本倫理学会和辻賞受賞)など。

林和雄(はやし・かずお)
1992年東京都生まれ。京都大学大学院文学研究科博士課程研究指導認定退学。京都大学大学院文学研究科非常勤講師。原著論文に「J.S.ミルにおける感情の陶冶」(『実践哲学研究』第43号、2020年)など。

ブックデザイン:小川純(オガワデザイン)

なぜヴィーガンか?——倫理的《りんりてき》に食《た》べる

2023年7月25日 初版

著者 ピーター・シンガー
訳者 児玉聡、林和雄
発行者 株式会社晶文社
東京都千代田区神田神保町1-11 〒101-0051
電話 03-3518-4940(代表)・4942(編集)
URL https://www.shobunsha.co.jp
印刷・製本 中央精版印刷株式会社

ISBN978-4-7949-7368-9 Printed in Japan